よくわかる教科書

電波法大綱

一般財団法人
情報通信振興会

はしがき

二十世紀の後半に急速に発達した電波の利用技術は、テレビジョン放送、宇宙通信、携帯電話など今日の日常生活に欠くことができないものとなっています。今後、電波の利用は、さらに進んで私たちの生活に密接な関わりを持ちながら、その重要性を増すものと予測されます。

世界に唯ひとつしかないこの電波という資源をどのように有効に使っていくかは、様々な立場の人が考えなければならない大切な問題です。このような中、我が国の電波利用に関する基準を定めた法律が電波法です。その内容を学び法令に馴染むことは、これから社会で活躍しようとしている学生及び諸分野で活躍している技術者にとって意義深いものであると確信いたします。

本書は、昭和48年に「最新電波法大綱」として発行し、その後「よくわかる教科書電波法大綱」と改題し、現版に至っています。旧著は、電気通信大学名誉教授工学博士望月仁先生のご指導のもとに故東海大学名誉教授小祝政夫氏と安達啓一氏が、また前書では安達啓一氏が、上級無線従事者国家試験受験参考書として、さらに、実務の参考に使用することにも配慮して電波法の要点をまとめ、法令の改正に合わせて改訂を続けてきたものです。

今回、最新の法令に準拠すると共に、要所に説明を加えて専門外の人にも理解しやすいように外部有識者の意見を取り入れ、改訂発行いたしました。各章の演習問題及び巻末の解答は、学習のまとめとして活用してください。

受験勉強においては、当会発行の資格別国家試験問題解答集を併用することを推奨いたします。また、法令は、社会や技術の進歩に応じて改正されるので、最新の電波法令集を参照するなど、最新の改正に注意してください。

令和5年7月

一般財団法人情報通信振興会

目　　次

第１章　総論

1.1　沿革 ……………………………………………… 1
1.2　電波関係法令の体系 ……………………………… 2
1.3　電波法の概要 ……………………………………… 7
1.4　電波法の目的 ……………………………………… 8
1.5　基本的な用語の定義 ……………………………… 9
1.6　条約と電波法との関係 …………………………… 9
1.7　電波法令上の用語の意義 ………………………… 11
演習問題……………………………………………………… 24

第２章　無線局の免許

2.1　無線局の開設と免許 ……………………………… 25
2.2　免許の欠格事由 …………………………………… 28
2.3　無線局の免許手続 ………………………………… 31
2.3.1　免許の申請……………………………………… 32
2.3.2　申請の審査……………………………………… 36
2.3.3　予備免許………………………………………… 37
2.3.4　予備免許中の変更……………………………… 37
2.3.5　落成後の検査…………………………………… 39
2.3.6　免許の付与及び免許状の交付………………… 40
2.3.7　無線局の運用の開始及び休止の届出………… 41
2.3.8　免許の有効期間及び再免許…………………… 42
2.3.8.1　免許の有効期間…………………………… 42
2.3.8.2　再免許……………………………………… 44
2.3.9　免許内容の変更………………………………… 45
2.3.9.1　無線局の目的、通信の相手方、通信事項等の変更…… 45
2.3.9.2　変更検査…………………………………… 46
2.3.9.3　指定事項の変更…………………………… 47
2.3.9.4　免許人の地位の承継……………………… 47
2.3.10　無線局の廃止………………………………… 49

2.4　特定無線局の免許の特例等 ………………………………… 50
2.4.1　特定無線局……………………………………………… 50
2.4.2　特定無線局の免許の特例……………………………… 51
2.4.3　特定無線局の免許の申請等及び包括免許の付与…… 52
2.4.4　特定基地局の開設指針………………………………… 53
2.4.5　特定基地局の開設計画の認定………………………… 54
2.5　無線局の登録制度 ……………………………………………… 54
2.5.1　登録の対象とする無線局……………………………… 55
2.5.2　登録の方法等…………………………………………… 55
2.6　登録検査等事業者制度 ………………………………………… 56
2.7　無線局に関する情報の公表等 ………………………………… 59
2.8　電波の利用状況の調査 ………………………………………… 60
演習問題…………………………………………………………………… 62

第３章　無線設備

3.1　無線設備の機能上の分類 ……………………………………… 65
3.2　無線設備の通則的条件 ………………………………………… 65
3.2.1　電波の型式の表示……………………………………… 65
3.2.2　周波数の表示…………………………………………… 68
3.2.3　空中線電力の表示……………………………………… 69
3.2.4　空中線電力の許容偏差………………………………… 71
3.3　電波の質 ………………………………………………………… 73
3.3.1　周波数の偏差…………………………………………… 74
3.3.2　占有周波数帯幅………………………………………… 76
3.3.3　スプリアス発射又は不要発射の強度………………… 77
3.4　送信設備の一般的条件 ………………………………………… 80
3.4.1　周波数安定のための条件……………………………… 80
3.4.2　通信速度等……………………………………………… 81
3.4.3　送信空中線……………………………………………… 82
3.5　受信設備の一般的条件 ………………………………………… 83
3.6　付帯設備の条件 ………………………………………………… 83
3.6.1　安全施設………………………………………………… 84
3.6.2　無線設備の保護装置…………………………………… 87

3.6.3　周波数測定装置の備付け…………………………… 87
3.6.4　人工衛星局等の条件………………………………… 88
3.7　無線局の種別等による無線設備の技術的条件 …………… 90
3.7.1　中波放送を行う地上基幹放送局の無線設備………… 91
3.7.2　超短波放送（デジタル放送を除く。）を行う
地上基幹放送局の無線設備………………………… 93
3.7.3　標準テレビジョン放送等を行う地上基幹放送局の
無線設備……………………………………………… 96
3.7.4　標準テレビジョン放送等を行う衛星基幹放送局の
無線設備……………………………………………… 97
3.7.5　船舶局……………………………………………… 97
3.7.5.1　義務船舶局の無線設備の機器…………………… 98
3.7.5.2　具備すべき電波………………………………… 101
3.7.5.3　計器及び予備品の備付け……………………… 103
3.7.5.4　義務船舶局等の無線設備の条件等…………… 104
3.7.5.5　予備設備の備付け等…………………………… 108
3.7.5.6　遭難通信の通信方法を記載した表の掲示…… 109
3.7.5.7　船舶地球局等の無線設備……………………… 109
3.7.5.8　デジタル選択呼出装置………………………… 110
3.7.5.9　Ｊ３Ｅ電波を使用する無線電話等の無線設備 111
3.7.5.10　ナブテックス受信機…………………………… 112
3.7.5.11　遭難自動通報設備……………………………… 113
3.7.6　航空機局…………………………………………… 117
3.7.7　時分割・直交周波数分割多元接続方式携帯無線通信
を行う無線局等の無線設備……………………… 121
3.7.8　5.8GHz帯、6GHz帯、6.4GHz帯又は6.9GHz帯の周波数の
電波を使用する電気通信業務用固定局の無線設備 122
3.8　無線設備の機器の検定 ………………………………… 123
3.9　無線設備の技術基準の策定等の申出 ………………… 125
3.10　特定無線設備の技術基準適合証明等 ………………… 125
付表　電波の型式の記号表示…………………………………… 129
演習問題…………………………………………………………… 130

第４章　無線従事者

4.1　無線設備の操作 …… 133
4.1.1　無線設備の操作の原則…… 133
4.1.2　無線設備の操作を行うことができる者…… 133
4.1.3　無線従事者でなければ行ってはならない操作…… 134
4.1.4　無線設備の簡易な操作…… 135
4.1.5　アマチュア無線局の無線設備の操作…… 137
4.1.6　資格の種別…… 138
4.2　無線設備の操作及び監督の範囲 …… 139
4.3　無線従事者の免許 …… 145
4.3.1　無線従事者の免許の要件…… 145
4.3.2　免許の申請…… 146
4.3.3　免許を与えない場合…… 147
4.3.4　免許の付与及び免許証…… 147
4.4　無線従事者国家試験 …… 148
4.5　無線従事者養成課程 …… 152
4.6　主任無線従事者制度 …… 154
4.7　船舶局無線従事者証明 …… 155
4.8　無線従事者の配置等 …… 158
4.9　遭難通信責任者の要件 …… 159
演習問題…… 160

第５章　無線局の運用

5.1　免許状記載事項の遵守 …… 161
5.2　混信等の防止 …… 163
5.3　擬似空中線回路の使用 …… 164
5.4　通信の秘密の保護 …… 164
5.5　時計、業務書類等の備付け …… 166
5.5.1　時計…… 166
5.5.2　業務書類…… 166
5.5.3　免許状…… 169
5.5.4　無線業務日誌…… 171
5.5.4.1　記載事項…… 171

5.5.4.2 時刻の記載方法…… 174
5.5.4.3 無線業務日誌の保存期間…… 174
5.5.4.4 電磁的方法による記録…… 174
5.6 一般通信方法等 …… 175
5.6.1 通信方法の統一の必要性…… 175
5.6.2 無線通信の原則…… 175
5.6.3 業務用語…… 176
5.6.4 送信速度等…… 177
5.6.5 無線電話通信に対する準用等…… 177
5.6.6 発射前の措置…… 177
5.6.7 連絡設定の方法…… 177
5.6.8 試験電波の発射方法…… 182
5.6.9 無線設備の機能の維持…… 182
5.7 無線通信業務別の無線局の運用 …… 185
5.7.1 海上移動業務等の無線局の運用…… 185
5.7.1.1 船舶局の運用（入港中の運用の禁止等）…… 185
5.7.1.2 海岸局の指示に従う義務…… 186
5.7.1.3 海岸局等の運用…… 186
5.7.1.4 聴守義務…… 186
5.7.1.5 通信の優先順位…… 189
5.7.1.6 通信方法等…… 189
5.7.1.7 遭難通信…… 194
5.7.1.8 緊急通信…… 207
5.7.1.9 安全通信…… 210
5.7.2 固定業務、陸上移動業務等の無線局の運用…… 212
5.7.2.1 無線局の運用の特例…… 212
5.7.2.2 非常通信…… 214
5.7.2.3 通信方法…… 214
5.7.2.4 携帯無線通信を行う基地局、広帯域移動無線アクセスシステムの基地局及びローカル５Ｇの基地局の監視制御等…… 216
5.7.3 地上基幹放送局及び地上一般放送局の運用…… 217
5.7.4 特別業務の無線局及び標準周波数局の運用…… 220

5.7.5　航空移動業務等の無線局の運用……………………… 220
5.7.5.1　航空機局の運用…………………………………… 221
5.7.5.2　航空局の指示に従う義務………………………… 221
5.7.5.3　運用義務時間……………………………………… 221
5.7.5.4　聴守義務…………………………………………… 222
5.7.5.5　航空機局の通信連絡……………………………… 223
5.7.5.6　通信の優先順位…………………………………… 224
5.7.5.7　無線設備等保守規程の認定等…………………… 224
5.7.5.8　通信方法…………………………………………… 225
5.7.5.9　遭難通信…………………………………………… 228
5.7.5.10　緊急通信…………………………………………… 234
5.7.6　宇宙無線通信の業務の無線局の運用……………… 237
5.7.7　実験等無線局、特定実験試験局及びアマチュア無線局の運用…………………………………… 239
5.8　罰則の特例 ………………………………………………… 240
演習問題……………………………………………………………… 244

第6章　監督等

6.1　監督の意義 ………………………………………………… 247
6.2　公益上の必要による命令等 ……………………………… 247
6.2.1　周波数及び空中線電力の指定並びに人工衛星局の無線設備の設置場所の変更命令…………………… 247
6.2.2　特定周波数変更対策業務………………………………… 248
6.2.3　特定周波数終了対策業務………………………………… 250
6.3　不適法な運用に対する監督 ……………………………… 252
6.3.1　技術基準適合命令………………………………………… 252
6.3.2　臨時の電波の発射停止…………………………………… 252
6.3.3　無線局の運用の停止及び周波数等の使用制限…… 252
6.3.4　無線局の免許の取消し等………………………………… 253
6.3.5　無線従事者の免許の取消し及び従業停止………… 255
6.4　一般的監督 ………………………………………………… 255
6.4.1　定期検査…………………………………………………… 255
6.4.1.1　検査の実施等…………………………………… 255

6.4.1.2 定期検査の実施時期…… 256
6.4.1.3 定期検査の省略…… 257
6.4.1.4 定期検査の一部省略…… 258
6.4.2 臨時検査…… 258
6.4.3 無線局検査結果通知書等…… 259
6.4.4 非常の場合の無線通信…… 259
6.4.5 報告の徴収…… 261
6.4.6 免許等を要しない無線局及び受信設備に対する監督…… 263
演習問題…… 264

第7章 雑則

7.1 高周波利用設備 …… 267
7.2 伝搬障害防止区域の指定 …… 268
7.3 基準不適合設備に対する勧告等 …… 269
7.4 測定器等の較正 …… 271
7.5 電波有効利用促進センター …… 272
7.6 電波利用料 …… 273
7.7 外国の無線局等の特例 …… 277
7.7.1 船舶又は航空機に開設した外国の無線局…… 277
7.7.2 特定無線局と通信の相手方を同じくする外国の無線局等…… 277
7.8 権限の委任 …… 278
演習問題…… 280

演習問題の解答…… 281

凡　例

本書における法令名を表す略称は、次の（　）内のとおりである。

電波法	（法）
電波法施行令	（令）
電波法施行規則	（施）
無線局免許手続規則	（免）
無線設備規則	（設）
無線局運用規則	（運）
無線従事者規則	（従）
無線機器型式検定規則	（検定）
特定無線設備の技術基準適合証明等に関する規則	（証明）
登録検査等事業者等規則	（登）
放送法	（放）
放送法施行令	（放令）
放送法施行規則	（放施）
中波放送に関する送信の標準方式	（中放標）
超短波放送に関する送信の標準方式	（超放標）
標準テレビジョン放送等のうちデジタル放送に関する送信の標準方式	（テＤ標）

法令名の記載例

電波法第５条第２項第１号の場合	（法５－２①）

第 1 章

総　　論

1.1　沿革

電波法は、1950 年（昭和 25 年）5 月 2 日に公布され、同年 6 月 1 日に施行された。その後、技術の発達と社会の進歩に合わせて改正が行われてきた。

電波の利用が始まったのは、19 世紀末のことである。1864 年、マックスウェルが電磁波の存在を理論的に提唱し、1888 年、ヘルツがその存在を実証した。そして、マルコーニが 1895 年に無線電信の実用実験を始めて、1901 年に大西洋横断無線通信に成功した。

我が国では、1896 年（明治 29 年）に逓信省電気試験所が無線電信の研究を始め、翌 1897 年（明治 30 年）東京湾において 1.8 キロメートルの無線電信実験に成功した。また同年、海軍が研究と利用を始め、1905 年（明治 38 年）、日露戦争において信濃丸が「敵艦見ユ」の発信をしている。

無線電信の法的規制は、1900 年（明治 33 年）、当時の逓信省が所管する電信法に無線電信への準用規定を置き、1914 年（大正 3 年）にはこれに無線電話が加えられた。次いで 1915 年（大正 4 年）に無線電信法が制定された。その第 1 条において「無線電信及ビ無線電話ハ政府コレヲ管掌ス」と定めて無線電信及び無線電話の施設が限られた一部の者に認められた。無線電信法においては、その後の電波法の制定まで続く施設の検査、従事者の検定等の制度が確立された。

国際的には、1906 年（明治 39 年）にベルリンにおいて国際無線電信条約が締結された。1932 年（大正 7 年）マドリッドで有線通信と無線通信を統合した国際電気通信条約が締結され、その後は、全権委員会議のたびに新しい条約を結びなおす形がとられてきた。1999 年（平成

11年）にジュネーブで結ばれた国際電気通信連合憲章・国際電気通信条約を一部改正して現在に至っている。

第二次世界大戦後、我が国は、1949年（昭和24年）に国際電気通信連合に加盟した。そして翌年、電波法を制定して無線電信法を廃止し、条約に整合する新しい国内制度をつくりあげた。

海上通信に関しては、海上人命安全条約によって、1992年（平成4年）から、モールス無線電信に代えて衛星通信やデジタル通信の技術を利用する「海上における遭難及び安全に関する世界的な制度（GMDSS）」が導入され、それに対応して国内法令が整備された。

2010年（平成22年）の放送法等の改正により、放送形態ごとにあった放送の制度が統合され、電波法においては、通信・放送両用無線局への対応や免許不要局の範囲を拡大するなどの改正が行われた。

1.2 電波関係法令の体系

(1) 電波法

電波法は、電波の公平かつ能率的な利用を確保することによって、公共の福祉を増進することを目的として、電波の利用の基本的な事項を定めている。また、この法律を施行するために必要な政令及び省令がある。これらのものは、電波を利用する社会において、その秩序を維持するための規範であって、電波法令と呼んでいる。

(2) 電波利用分野に関係の深い法律

ア　放送法

放送を公共の福祉に適合するよう規律し、その健全な発達を図ることを目的として、放送の基本的な在り方を定めている。

イ　電気通信事業法

電気通信事業の運営を適正かつ合理的なものにするとともに、その公正な競争を促進することにより、電気通信の健全な発達及び国民の利便の確保を図り、公共の福祉を増進することを目的として、電気通信事業の基本的な在り方を定めている。

ウ　船舶安全法

船舶の堪航性を保持し、人命の安全を保持するために必要な施設を要求している法律であり、一定の船舶は、電波法による無線電信又は無線電話を施設すること並びに所定の無線設備を航海用具及び救命設備として施設することを義務づける規定が設けられている。

エ　船舶職員及び小型船舶操縦者法

船舶の航行の安全を図るために、船舶職員として乗り組ませる者の資格などを定めた法律である。船舶職員となるための海技士（通信）又は海技士（電子通信）の資格の受験資格として、所定の無線従事者の免許を受け、かつ、船舶局無線従事者証明を受けた者でなければならないなどの規定がある。

オ　航空法

航空機の航行の安全を図るために、航空機の航行の標準、方式、手続等を定めた法律であり、一定の航空機には電波法上の規律を受ける無線電話等の航空機の航行の安全を図る装置の施設を強制する規定が設けられている。また、電波法上の無線従事者の資格を前提とした航空通信士の資格に関する規定がある。

(3)　電波法の下の政令及び省令

政令は、内閣によって制定される命令である。憲法及び法律の規定を実施するために制定されるものと法律の委任した事項を定めるものがある。

省令は、各省の大臣がその所管する事務について、法律若しくは政令を施行するため、又は法律若しくは政令の委任に基づいて発する命令である。

総務大臣が制定する命令を総務省令という。省令は、何何規則と命名される場合が多い。

告示は、公の機関がその決定した事項その他一定の事項を公式に広く一般に知らせることをいう。

電波法その他の電波利用分野に関係の深い法律に基づく政令及び省令の主なものは、次のとおりである。

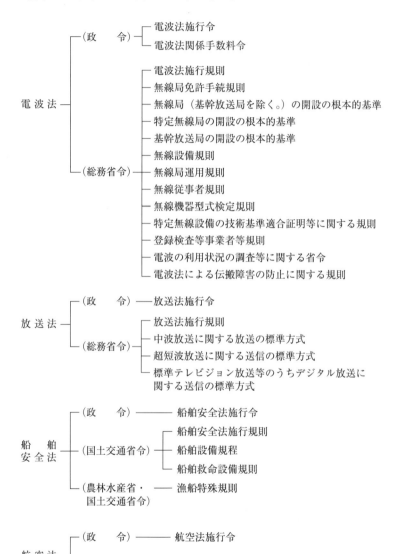

- 電波法
  - （政令）
    - 電波法施行令
    - 電波法関係手数料令
  - （総務省令）
    - 電波法施行規則
    - 無線局免許手続規則
    - 無線局（基幹放送局を除く。）の開設の根本的基準
    - 特定無線局の開設の根本的基準
    - 基幹放送局の開設の根本的基準
    - 無線設備規則
    - 無線局運用規則
    - 無線従事者規則
    - 無線機器型式検定規則
    - 特定無線設備の技術基準適合証明等に関する規則
    - 登録検査等事業者等規則
    - 電波の利用状況の調査等に関する省令
    - 電波法による伝搬障害の防止に関する規則
- 放送法
  - （政令）
    - 放送法施行令
  - （総務省令）
    - 放送法施行規則
    - 中波放送に関する放送の標準方式
    - 超短波放送に関する送信の標準方式
    - 標準テレビジョン放送等のうちデジタル放送に関する送信の標準方式
- 船舶安全法
  - （政令）
    - 船舶安全法施行令
  - （国土交通省令）
    - 船舶安全法施行規則
    - 船舶設備規程
    - 船舶救命設備規則
  - （農林水産省・国土交通省令）
    - 漁船特殊規則
- 航空法
  - （政令）
    - 航空法施行令
  - （国土交通省令）
    - 航空法施行規則

(4) 電波法関係の政令の概要

ア　電波法施行令

電波法の規定に基づいて政令に委任された事項のうち、手数料の額及び納付方法以外のものについて規定している。

要旨は、次のとおりである。

① 登録証明機関等に関する指定の有効期間を５年としている。

② 特殊無線技士の資格の細分を規定している。

③ 無線従事者の資格の操作及び監督の範囲を規定している。

④ 伝搬障害防止区域の指定等に関する告示の記載事項等を規定している。

⑤ 電波利用料の納付を要しない無線局を規定している。

⑥ 手数料の納付を要しない独立行政法人を規定している。

イ　電波法関係手数料令

電波法の規定に基づいて行う申請の審査、検査、検定、試験等に際し、その反対給付的なものとして無線局の免許人、無線従事者等が納める手数料について、その額及び納付方法を規定している。

(5) 電波法関係省令の概要

ア　電波法施行規則

電波法を施行するために必要な細目及び法が省令に委任した事項のうち他の省令に入らない事項、２以上の省令に共通して適用される事項等を規定している。

イ　無線局免許手続規則

無線局の免許手続及び免許後の変更に関する申請又は届出の手続、免許状の様式等を規定している。

ウ　無線局（基幹放送局を除く。）の開設の根本的基準

エ　特定無線局の開設の根本的基準

オ　基幹放送局の開設の根本的基準

ウ、エ及びオは、いずれも無線局開設申請の審査の基準であっ

て、総務大臣の免許の基本的方針を規定している。

カ　無線設備規則

電波の質、空中線電力の条件及び無線設備の技術的条件の細目を規定している。

キ　無線局運用規則

無線通信の実施方法、電波の使用区別、無線設備の機能の維持その他無線局の運用、通信方法等の細目を規定している。

ク　無線従事者規則

無線従事者国家試験の実施方法、期日、試験科目及び程度、無線従事者免許の条件、手続及び免許証の取扱い、指定試験機関、認定学校、養成課程、主任講習、指定講習機関、認定講習課程等に関する事項を規定している。

ケ　無線機器型式検定規則

法の規定による強制型型式検定機器の型式検定の合格の条件、型式検定の手続、試験の方法等を規定している。

コ　特定無線設備の技術基準適合証明等に関する規則

技術基準適合証明の対象となる特定無線設備の種別、適合証明及び工事設計の認証に関する審査のための技術条件、登録証明機関、承認証明機関等に関する事項を規定している。

サ　登録検査等事業者等規則

無線設備等の検査又は点検を行う登録検査等事業者及び外国において無線設備等の点検を行う登録外国点検事業者の登録手続及び検査又は点検の実施方法等に関する事項を規定している。

シ　電波の利用状況の調査等に関する省令

総務大臣が行う電波の利用状況の調査に関し、対象周波数の区分、調査事項、調査及び評価の結果の概要の作成及び公表等に関する事項を規定している。

ス　電波法による伝搬障害の防止に関する規則

890MHz 以上の周波数の電波の伝搬障害の防止に関する電波法

の規定の委任に基づく事項及び同法の規定を施行するために必要な事項を規定している。

1.3　電波法の概要

電波法は、11 の章に区分された本則と附則で構成されている。

(1)　第１章　総則

電波法の目的、用語の定義及び電波に関する条約について規定している。

(2)　第２章　無線局の免許等

無線局の開設を免許制度及び登録制度とし、免許及び登録の条件や手続等について規定している。詳細な事項は、電波法施行規則、無線局免許手続規則等に委ねている。

(3)　第３章　無線設備

無線設備の技術的条件等について規定している。これらの要件の詳細な事項は、電波法施行規則、無線設備規則等に規定されている。

(4)　第３章の２　特定無線設備の技術基準適合証明等

小規模な無線局に使用するための無線設備であって省令で定めるもの（「特定無線設備」という。）の技術基準適合証明等の制度について規定している。これらの詳細な事項は、特定無線設備の技術基準適合証明に関する規則に委ねている。

(5)　第４章　無線従事者

無線従事者の資格制度、免許の要件等について規定している。詳細な事項は、電波法施行令、電波法施行規則、無線従事者規則等に委ねている。

(6)　第５章　運用

無線局の運用の基本的事項について規定している。詳細な事項は、電波法施行規則及び無線局運用規則に委ねている。

(7)　第６章　監督

総務大臣の無線局及び無線従事者等に対する監督権限について規

定している。免許の取消し、免許人の報告義務等も定めている。

⑻ 第７章　審査請求及び訴訟

電波法に基づいて行われた総務大臣の審査請求の電波監理審議会への付議、同審議会における審理、審査請求に対する裁決に対する訴えの提起等について規定している。

⑼ 第７章の２　電波監理審議会

電波及び放送の規律に関する事務の公平かつ能率的な処理を図るため、電波監理審議会を設置すること、その組織、必要的諮問事項、総務大臣に対する勧告等について規定している。

⑽ 第８章　雑則

高周波利用設備、伝搬障害防止区域、手数料、電波利用料、権限の委任等他の章に含まれない事項について規定している。

また、この法律に規定する総務大臣の権限は、総務省令で定めるところにより、その一部を総合通信局長又は沖縄総合通信事務所長に委任することができることを規定している。

⑾ 第９章　罰則

無線通信に係る罪を犯した者又は電波法の規定に違反した者に対する刑罰又は行政罰（過料）について規定している。

⑿ 附則

施行期日、施行に伴う経過措置等を規定している。

本則を改正する場合は、その度に必要な事項を規定した附則が追加される。

1.4　電波法の目的

電波法の目的は、第１条において「この法律は、電波の公平かつ能率的な利用を確保することによって公共の福祉を増進することを目的とする。」と規定している。

本条は、有限希少な電波を利用していくうえで、基本的にどのように規律していくかという基本的な考え方を示したもので、電波を公平かつ能率的に利用することによって、公共の福祉を増進することを目的とするとしている。

電波の公平な利用とは、公私を問わずすべて平等の立場で規律する趣旨であり、社会公共の利益、利便に適合することが前提になる。また、能率的な利用とは、電波を最も効果的・効率的に利用することを意味している。具体的には、電波を利用する上での適切な周波数の選定、無線設備の規格、無線設備を操作する者の要件、通信方式、運用方法等を定めることが能率的な利用につながっていくものといえる。

1.5　基本的な用語の定義

電波法令の規定の解釈に関しては、次の定義に従うものとする。

（法2）

(1)「電波」とは、300万メガヘルツ以下の周波数の電磁波をいう。

電波は、光と同じ電磁波であって非常に短い周期的な変化をしながら秒速約30万キロメートルの速度で空間に広がっていく。

(2)「無線電信」とは、電波を利用して、符号を送り、又は受けるための通信設備をいう。

(3)「無線電話」とは、電波を利用して、音声その他の音響を送り、又は受けるための通信設備をいう。

(4)「無線設備」とは、無線電信、無線電話その他電波を送り、又は受けるための電気的設備をいう。

(5)「無線局」とは、無線設備及び無線設備の操作を行う者の総体をいう。ただし、受信のみを目的とするものを含まない。

(6)「無線従事者」とは、無線設備の操作又はその監督を行う者であって、総務大臣の免許を受けたものをいう。

1.6　条約と電波法との関係

(1)　電波法第3条において「電波に関し条約に別段の定めがあるときは、その規定による。」と条約が電波法に優先して適用されることを規定している。

条約は、文書による国家間の合意である。憲法第98条第2項において「日本国が締結した条約及び確立した国際法規は、これを誠実に遵守することを必要とする。」と条約尊重の規定を設けている。

このため国内法は、条約の規定と齟齬を生じないように定められるものであるが、条約の改正に伴う国内法の改正の遅れ等により、一時的に整合しないことが生ずることが想定される。そのような場合は条約の規定が優先するというものである。

(2) 電波に関する条約

ア 国際電気通信連合憲章及び国際電気通信連合条約

国際電気通信連合憲章及び国際電気通信連合条約は、国際電気通信の利用に関して関係各国の間で結ばれた条約である。

憲章は、国際電気通信連合の基本的文書であり、連合の目的、構成国の権利義務、連合の各部門の任務及び組織等の基本的性格を有する事項であって、必要不可欠と認められる場合を除き、原則として改正の対象とならない事項を規定している。条約は、連合の運営、会議、会計、電気通信業務の運用に関する諸種の事項を規定している。また、細目にわたる事項は、電気通信の種別ごとに、次の二つの業務規則を設けて憲章及び条約の規定を補足している。

① 国際電気通信規則

② 無線通信規則

この憲章及び条約は、それぞれ「ITU憲章」、「ITU条約」ともいわれる。

イ 海上における人命の安全のための国際条約

海上における人命の安全のための国際条約は、国際航海に従事する船舶の航海の安全、特に乗船者の安全の確保を目的としており、船舶の構造、積荷等に関し各国政府が自国の船舶に対してとらせるべき安全措置について詳細な技術規則を定めるとともに、一定の船舶に対する無線電信、無線電話等の設備の強制及びその設備の条件等並びにこれらの安全措置の実施を確保するために行う検査及び証書の発給並びに証書の相互承認について規定している。

この条約は、SOLAS 条約ともいわれる。

ウ　国際民間航空条約

国際民間航空が安全にかつ整然と発達し、また、国際航空運送業務が機会均等主義に基づいて確立されて健全かつ経済的に運営されるための一定の原則及び取極を定めている。

条約には第1付属書から第18付属書まで添付されており、その中で、第10付属書は通信手続を定めている。

この条約は、ICAO 条約ともいわれる。

1.7　電波法令上の用語の意義

(1)　用語の定義（電波法施行規則第2条抜粋）

① 「無線通信」とは、電波を使用して行うすべての種類の記号、信号、文言、影像、音響又は情報の送信、発射又は受信をいう。

② 「宇宙無線通信」とは、宇宙局若しくは受動衛星（人工衛星であって、当該衛星による電波の反射を利用して通信を行うために使用されるものをいう。）その他宇宙にある物体へ送り、又は宇宙局若しくはこれらの物体から受ける無線通信をいう。

③ 「衛星通信」とは、人工衛星局の中継により行う無線通信をいう。

④ 「単向通信方式」とは、単一の通信の相手方に対し、送信のみを行う通信方式をいう。

⑤ 「単信方式」とは、相対する方向で送信が交互に行われる通信方式をいう。

⑥ 「複信方式」とは、相対する方向で送信が同時に行われる通信方式をいう。

⑦ 「半複信方式」とは、通信路の一端においては単信方式であり、他の一端においては複信方式である通信方式をいう。

⑧ 「同報通信方式」とは、特定の２以上の受信設備に対し、同時に同一内容の通報の送信のみを行う通信方式をいう。

⑨ 「テレメーター」とは、電波を利用して、遠隔地点における測定器の測定結果を自動的に表示し、又は記録するための通信設備をいう。

⑩ 「テレビジョン」とは、電波を利用して、静止し、又は移動する事物の瞬間的影像を送り、又は受けるための通信設備をいう。

⑪ 「ファクシミリ」とは、電波を利用して、永久的な形に受信するために静止影像を送り、又は受けるための通信設備をいう。

⑫ 「中波放送」とは、526.5kHz から 1,606.5kHz までの周波数の電波を使用して音声その他の音響を送る放送をいう。

⑬ 「短波放送」とは、３MHz から 30MHz までの周波数の電波を使用して音声その他の音響を送る放送をいう。

⑭ 「超短波放送」とは、30MHz を超える周波数の電波を使用して音声その他の音響を送る放送（文字、図形その他の影像又は信号を併せ送るものを含む。）であって、テレビジョン放送に該当せず、かつ、他の放送の電波に重畳して行う放送でないものをいう。

⑮ 「ステレオホニック放送」とは、中波放送、超短波放送又はテレビジョン放送であって、その聴取者に音響の立体感を与えるため、左側信号及び右側信号を一の放送局（放送をする無線局をいう。）から同時に一の周波数の電波により伝送して行うものをいう。

⑯ 「モノホニック放送」とは、次に掲げるものをいう。

㈠ 中波放送であって、音声信号のみにより直接搬送波を変調して行うもの

㈡ 超短波放送であって、音声信号のみにより直接主搬送波を変調して行うもの

⑰ 「テレビジョン放送」とは、静止し、又は移動する事物の瞬間的影像及びこれに伴う音声その他の音響を送る放送（文字、図形その他の影像（音声その他の音響を伴うものを含む。）又は信号

を併せ送るものを含む。）をいう。

⑱ 「標準テレビジョン放送」とは、テレビジョン放送であって、高精細度テレビジョン放送及び超高精細度テレビジョン放送以外のものをいう。

⑲ 「高精細度テレビジョン放送」とは、テレビジョン放送であって、次に掲げるものをいう。

(ア) 走査方式が１本おきであって、１の映像の有効走査線数（走査線のうち映像信号が含まれている走査線数をいう。）が1,080本以上2,160本未満のもの

(イ) 走査方式が順次であって、有効走査線数が720本以上2,160本未満のもの

⑳ 「超高精細度テレビジョン放送」とは、テレビジョン放送であって、走査方式にかかわらず有効走査線数が2,160本以上のものをいう。

㉑ 「データ放送」とは、２値のデジタル情報を送る放送であって、超短波放送及びテレビジョン放送に該当せず、かつ、他の放送の電波に重畳して行う放送でないものをいう。

㉒ 「マルチメディア放送」とは、２値のデジタル情報を送る放送であって、テレビジョン放送に該当せず、かつ、他の放送の電波に重畳して行う放送でないものをいう。

㉓ 「超短波音声多重放送」とは、超短波放送の電波に重畳して、音声その他の音響を送る放送であって、超短波放送に該当しないものをいう。

㉔ 「超短波文字多重放送」とは、超短波放送の電波に重畳して、文字、図形又は信号を送る放送であって、超短波放送に該当しないものをいう。

㉕ 「超短波データ多重放送」とは、超短波放送の電波に重畳して、２値のデジタル情報を送る放送であって、超短波放送に該当しないものをいう。

㉖ 「デジタル放送」とは、デジタル方式の無線局により行われる放送をいう。

㉗ 「無線測位」とは、電波の伝搬特性を用いてする位置の決定又は位置に関する情報の取得をいう。

㉘ 「無線航行」とは、航行のための無線測位（障害物の探知を含む。）をいう。

㉙ 「無線標定」とは、無線航行以外の無線測位をいう。

㉚ 「レーダー」とは、決定しようとする位置から反射され、又は再発射される無線信号と基準信号との比較を基礎とする無線測位の設備をいう。

㉛ 「送信設備」とは、送信装置と送信空中線系とから成る電波を送る設備をいう。

㉜ 「送信装置」とは、無線通信の送信のための高周波エネルギーを発生する装置及びこれに付加する装置をいう。

㉝ 「送信空中線系」とは、送信装置の発生する高周波エネルギーを空間へ輻射する装置をいう。

㉞ 「kHz」とは、キロ（10^3）ヘルツをいう。

㉟ 「MHz」とは、メガ（10^6）ヘルツをいう。

㊱ 「GHz」とは、ギガ（10^9）ヘルツをいう。

㊲ 「THz」とは、テラ（10^{12}）ヘルツをいう。

㊳ 「割当周波数」とは、無線局に割り当てられた周波数帯の中央の周波数をいう。

㊴ 「特性周波数」とは、与えられた発射において容易に識別し、かつ、測定することのできる周波数をいう。

㊵ 「基準周波数」とは、割当周波数に対して、固定し、かつ、特定した位置にある周波数をいう。この場合において、この周波数の割当周波数に対する偏位は、特性周波数が発射によって占有する周波数帯の中央の周波数に対してもつ偏位と同一の絶対値及び同一の符号をもつものとする。

㊶　「周波数の許容偏差」とは、発射によって占有する周波数帯の中央の周波数の割当周波数からの許容することができる最大の偏差又は発射の特性周波数の基準周波数からの許容することができる最大の偏差をいい、百万分率又はヘルツで表わす。

㊷　「指定周波数帯」とは、その周波数帯の中央の周波数が割当周波数と一致し、かつ、その周波数帯幅が占有周波数帯幅の許容値と周波数の許容偏差の絶対値の２倍との和に等しい周波数帯をいう。

㊸　「占有周波数帯幅」とは、その上限の周波数を超えて輻射され、及びその下限の周波数未満において輻射される平均電力がそれぞれ与えられた発射によって輻射される全平均電力の0.5パーセントに等しい上限及び下限の周波数帯幅をいう。ただし、周波数分割多重方式の場合、テレビジョン伝送の場合等0.5パーセントの比率が占有周波数帯幅及び必要周波数帯幅の定義を実際に適用することが困難な場合においては、異なる比率によることができる。

㊹　「必要周波数帯幅」とは、与えられた発射の種別について、特定の条件のもとにおいて、使用される方式に必要な速度及び質で情報の伝送を確保するためにじゅうぶんな占有周波数帯幅の最小値をいう。この場合、低減搬送波方式の搬送波に相当する発射等受信装置の良好な動作に有用な発射は、これに含まれるものとする。

㊺　「スプリアス発射」とは、必要周波数帯外における１又は２以上の周波数の電波の発射であって、そのレベルを情報の伝送に影響を与えないで低減することができるものをいい、高調波発射、低調波発射、寄生発射及び相互変調積を含み、帯域外発射を含まないものとする。

㊻　「帯域外発射」とは、必要周波数帯に近接する周波数の電波の発射で情報の伝送のための変調の過程において生ずるものをいう。

㊼　「不要発射」とは、スプリアス発射及び帯域外発射をいう。

㊽　「スプリアス領域」とは、帯域外領域の外側のスプリアス発射が支配的な周波数帯をいう。

㊾ 「帯域外領域」とは、必要周波数帯の外側の帯域外発射が支配的な周波数帯をいう。

㊿ 「混信」とは、他の無線局の正常な業務の運行を妨害する電波の発射、輻射又は誘導をいう。

51 「抑圧搬送波」とは、受信側において利用しないため搬送波を抑圧して送出する電波をいう。

52 「低減搬送波」とは、受信側において局部周波数の制御等に利用するため一定のレベルまで搬送波を低減して送出する電波をいう。

53 「全搬送波」とは、両側波帯用の受信機で受信可能となるよう搬送波を一定のレベルで送出する電波をいう。

54 「空中線電力」とは、尖頭電力、平均電力、搬送波電力又は規格電力をいう。

55 「尖頭電力」とは、通常の動作状態において、変調包絡線の最高尖頭における無線周波数1サイクルの間に送信機から空中線系の給電線に供給される平均の電力をいう。

56 「平均電力」とは、通常の動作中の送信機から空中線系の給電線に供給される電力であって、変調において用いられる最低周波数の周期に比較してじゅうぶん長い時間（通常、平均の電力が最大である約10分の1秒間）にわたって平均されたものをいう。

57 「搬送波電力」とは、変調のない状態における無線周波数1サイクルの間に送信機から空中線系の給電線に供給される平均の電力をいう。ただし、この定義は、パルス変調の発射には適用しない。

58 「規格電力」とは、終段真空管の使用状態における出力規格の値をいう。

59 「空中線の利得」とは、与えられた空中線の入力部に供給される電力に対する、与えられた方向において、同一の距離で同一の電界を生ずるために、基準空中線の入力部で必要とする電力の比をいう。この場合において、別段の定めがないときは、空中線の利得を表わす数値は、主輻射の方向における利得を示す。

⑹ 「空中線の絶対利得」とは、基準空中線が空間に隔離された等方性空中線であるときの与えられた方向における空中線の利得をいう。

⑹ 「空中線の相対利得」とは、基準空中線が空間に隔離され、かつ、その垂直二等分面が与えられた方向を含む半波無損失ダイポールであるときの与えられた方向における空中線の利得をいう。

⑹ 「短小垂直空中線に対する利得」とは、基準空中線が、完全導体平面の上に置かれた、４分の１波長よりも非常に短い完全垂直空中線であるときの与えられた方向における空中線の利得をいう。

⑹ 「実効輻射電力」とは、空中線に供給される電力に、与えられた方向における空中線の相対利得を乗じたものをいう。

⑹ 「等価等方輻射電力」とは、空中線に供給される電力に、与えられた方向における空中線の絶対利得を乗じたものをいう。

⑹ 「緊急警報信号」とは、災害に関する放送の受信の補助のために伝送する信号であって、第１種開始信号、第２種開始信号又は終了信号をいう。

⑹ 「プレエンファシス」とは、正常の信号波をその周波数帯のある部分について、他の部分に比し、特に強めることをいう。

⑹ 「ディエンファシス」とは、プレエンファシスを行った信号波を正常の信号波に戻すことをいう。

⑹ 「感度抑圧効果」とは、希望波信号を受信しているときにおいて、妨害波のために受信機の感度が抑圧される現象をいう。

⑹ 「受信機の相互変調」とは、希望波信号を受信しているときにおいて、２以上の強力な妨害波が到来し、それが、受信機の非直線性により、受信機内部に希望波信号周波数又は受信機の中間周波数と等しい周波数を発生させ、希望波信号の受信を妨害する現象をいう。

⑵　無線通信業務の分類及び定義（電波法施行規則第３条抜粋）

①　固定業務　一定の固定地点の間の無線通信業務（陸上移動中継局との間のものを除く。）をいう。

②　放送業務　一般公衆によって直接受信されるための無線電話、テレビジョン、データ伝送又はファクシミリによる無線通信業務をいう。

③　移動業務　移動局（陸上（河川、湖沼その他これらに準ずる水域を含む。）を移動中又はその特定しない地点に停止中に使用する受信設備（無線局のものを除く。陸上移動業務及び無線呼出し業務において「陸上移動受信設備」という。）を含む。）と陸上局との間又は移動局相互間の無線通信業務（陸上移動中継局の中継によるものを含む。）をいう。

④　海上移動業務　船舶局と海岸局との間、船舶局相互間、船舶局と船上通信局との間、船上通信局相互間又は遭難自動通報局と船舶局若しくは海岸局との間の無線通信業務をいう。

⑤　海上移動衛星業務　船舶地球局と海岸地球局との間又は船舶地球局相互間の衛星通信の業務をいう。

⑥　航空移動業務　航空機局と航空局との間又は航空機局相互間の無線通信業務をいう。

⑦　航空移動（R）業務　主として国内民間航空路又は国際民間航空路において安全及び正常な飛行に関する通信のために確保された航空移動業務をいう。

⑧　航空移動（OR）業務　主として国内民間航空路又は国際民間航空路以外の飛行の調整に関するものを含む通信を目的とする航空移動業務をいう。

⑨　航空移動衛星業務　航空機地球局と航空地球局との間又は航空機地球局相互間の衛星通信の業務をいう。

⑩　陸上移動業務　基地局と陸上移動局（陸上移動受信設備（無線呼出業務の携帯受信設備を除く。）を含む。）との間又は陸上移動

局相互間の無線通信業務（陸上移動中継局の中継によるものを含む。）をいう。

⑪　携帯移動業務　携帯局と携帯基地局との間又は携帯局相互間の無線通信業務をいう。

⑫　携帯移動衛星業務　携帯移動地球局と携帯基地地球局との間又は携帯移動地球局相互間の衛星通信の業務をいう。

⑬　無線呼出業務　携帯受信設備（陸上移動受信設備であって、その携帯者に対する呼出しを受けるためのものをいう。）の携帯者に対する呼出しを行う無線通信業務をいう。

⑭　無線測位業務　無線測位のための無線通信業務をいう。

⑮　無線航行業務　無線航行のための無線測位業務をいう。

⑯　無線標定業務　無線航行業務以外の無線測位業務をいう。

⑰　無線標識業務　移動局に対して電波を発射し、その電波発射の位置からの方向又は方位をその移動局に決定させることができるための無線航行業務をいう。

⑱　非常通信業務　地震、台風、洪水、津波、雪害、火災、暴動、その他非常の事態が発生し又は発生するおそれがある場合において、人命の救助、災害の救援、交通通信の確保、又は秩序の維持のために行う無線通信業務をいう。

⑲　アマチュア業務　金銭上の利益のためでなく、もっぱら個人的な無線技術の興味によって行う自己訓練、通信及び技術的研究の業務をいう。

⑳　簡易無線業務　簡易な無線通信業務であってアマチュア業務に該当しないものをいう。

㉑　構内無線業務　一の構内において行われる無線通信業務をいう。

㉒　気象援助業務　水象を含む気象上の観測及び調査のための無線通信業務をいう。

㉓　標準周波数業務　科学、技術その他のために利用されることを目的として、一般的に受信されるように、明示された高い精度の

特定の周波数の電波の発射を行う無線通信業務をいう。

㉔　特別業務　上記各号に規定する業務及び電気通信業務（不特定多数の者に同時に送信するものを除く。）のいずれにも該当しない無線通信業務であって、一定の公共の利益のために行われるものをいう。

(3)　無線局の種別及び定義（電波法施行規則第４条抜粋）

①　固定局　固定業務を行う無線局をいう。

②　基幹放送局　基幹放送を行う無線局（当該基幹放送に加えて基幹放送以外の無線通信の送信をするものを含む。）であって、基幹放送を行う実用化試験局以外のものをいう。

（注）基幹放送とは、放送であって基幹放送用割当可能周波数の電波を使用するものをいう。　（法５－４）

③　地上基幹放送局　地上基幹放送又は移動受信用地上基幹放送を行う基幹放送局（放送試験業務を行うものを除く。）をいう。

（注１）地上基幹放送とは、基幹放送であって、衛星基幹放送及び移動受信用地上基幹放送以外のものをいう。　（法５－５、放２⑮）

（注２）移動受信用地上基幹放送とは、自動車その他陸上を移動するものに設置して使用し、又は携帯して使用するための受信設備により受信されることを目的とする基幹放送であって、衛星基幹放送以外のものをいう。　（放２⑭）

④　地上一般放送局　地上一般放送を行う無線局であって、地上一般放送を行う実用化試験局以外のものをいう。

（注１）地上一般放送とは、一般放送であって、衛星一般放送及び有線一般放送以外のものをいう。　（施４③ の３、放施２④の２）

（注２）一般放送とは、基幹放送以外の放送をいう。　（放２③）

⑤　海岸局　船舶局、遭難自動通報局又は航路標識に開設する海岸局（船舶自動識別装置により通信を行うものに限る。）と通信を行うため陸上に開設する移動しない無線局（航路標識に開設するものを含む。）をいう。

⑥　航空局　航空機局と通信を行うため陸上に開設する移動中の運用を目的としない無線局（船舶に開設するものを含む。）をいう。

⑦　基地局　陸上移動局との通信（陸上移動中継局の中継によるものを含む。）を行うため陸上（河川、湖沼その他これらに準ずる水域を含む。）に開設する移動しない無線局（陸上移動中継局を除く。）をいう。

⑧　携帯基地局　携帯局と通信を行うため陸上に開設する移動しない無線局をいう。

⑨　無線呼出局　無線呼出業務を行う陸上に開設する無線局をいう。

⑩　陸上移動中継局　基地局と陸上移動局との間及び陸上移動局相互間の通信を中継するため陸上（河川、湖沼その他これらに準ずる水域を含む。）に開設する移動しない無線局をいう。

⑪　陸上局　海岸局、航空局、基地局、携帯基地局、無線呼出局、陸上移動中継局その他移動中の運用を目的としない移動業務を行う無線局をいう。

⑫　船舶局　船舶の無線局（人工衛星局の中継によってのみ無線通信を行うものを除く。）のうち、無線設備が遭難自動通報設備又はレーダーのみのもの以外のものをいう。

⑬　遭難自動通報局　遭難自動通報設備のみを使用して無線通信業務を行う無線局をいう。

⑭　航空機局　航空機の無線局（人工衛星局の中継によってのみ無線通信を行うものを除く。）のうち、無線設備がレーダーのみのもの以外のものをいう。

⑮　陸上移動局　陸上（河川、湖沼その他これらに準ずる水域を含む。）を移動中又はその特定しない地点に停止中運用する無線局（船上通信局を除く。）をいう。

⑯　携帯局　陸上（河川、湖沼その他これらに準ずる水域を含む。）、海上若しくは上空の１若しくは２以上にわたり携帯して移動中又はその特定しない地点に停止中運用する無線局（船上通信局及び

陸上移動局を除く。）をいう。

⑰　移動局　船舶局、遭難自動通報局、船上通信局、航空機局、陸上移動局、携帯局その他移動中又は特定しない地点に停止中運用する無線局をいう。

⑱　地球局　宇宙局と通信を行い、又は受動衛星その他の宇宙にある物体を利用して通信（宇宙局とのものを除く。）を行うため、地表又は地球の大気圏の主要部分に開設する無線局をいう。

⑲　携帯基地地球局　人工衛星局の中継により携帯移動地球局と通信を行うため陸上に開設する無線局をいう。

⑳　携帯移動地球局　自動車その他陸上を移動するものに開設し、又は陸上、海上若しくは上空の１若しくは２以上にわたり携帯して使用するために開設する無線局であって、人工衛星局の中継により無線通信を行うもの（船舶地球局及び航空機地球局を除く。）をいう。

㉑　宇宙局　地球の大気圏の主要部分の外にある物体（「宇宙物体」という。）に開設する無線局をいう。

㉒　人工衛星局　電波法第６条第１項第４号イに規定する人工衛星局をいう。

（注）人工衛星局とは、人工衛星の無線局をいう。　（法 6－1 ④イ）

㉓　海岸地球局　電波法第 63 条に規定する海岸地球局をいう。

（注）海岸地球局とは、陸上に開設する無線局であって、人工衛星局の中継により船舶地球局と通信を行うものをいう。　（法 63）

㉔　船舶地球局　電波法第６条第１項第４号ロに規定する船舶地球局をいう。

（注）船舶地球局とは、船舶に開設する無線局であって、人工衛星局の中継によってのみ無線通信を行うもの（実験等無線局及びアマチュア無線局を除く。）をいう。
（法 6-1 ④ロ）

㉕　航空地球局　電波法第 70 条の３第２項に規定する航空地球局をいう。

（注）航空地球局とは、陸上に開設する無線局であって、人工衛星局の中継により航

空機地球局と通信を行うものをいう。　（法70の3-2）

㉖　航空機地球局　電波法第6条第1項第4号ロに規定する航空機地球局をいう。

（注）航空機地球局とは、航空機に開設する無線局であって、人工衛星局の中継によってのみ無線通信を行うもの（実験等無線局及びアマチュア無線局を除く。）をいう。　（法6-1④ロ）

㉗　非常局　非常通信業務のみを行うことを目的として開設する無線局をいう。

㉘　実験試験局　科学若しくは技術の発達のための実験、電波の利用の効率性に関する試験又は電波の利用の需要に関する調査を行うために開設する無線局であって、実用に供しないもの（放送をするものを除く。）をいう。

㉙　実用化試験局　当該無線通信業務を実用に移す目的で試験的に開設する無線局をいう。

㉚　アマチュア局　金銭上の利益のためでなく、専ら個人的な無線技術の興味によって自己訓練、通信及び技術的研究の業務を行う無線局をいう。

㉛　簡易無線局　簡易無線通信業務を行う無線局をいう。

㉜　構内無線局　構内無線通信業務を行う無線局をいう。

㉝　気象援助局　気象援助業務を行う無線局をいう。

㉞　標準周波数局　標準周波数業務を行う無線局をいう。

㉟　特別業務の局　特別業務を行う無線局をいう。

［演習問題］

解答：281 ページ

1－1　次の記述は、電波法の目的について述べたものである。電波法（第1条）の規定に照らし、□内に適切な字句を記入せよ。

この法律は、電波の［①］な利用を確保することによって、［②］を増進することを目的とする。

1－2　次の記述は、用語の定義である。電波法（第2条）の規定に照らし、□内に適切な字句を記入せよ。

(1)「電波」とは、［①］ヘルツ以下の周波数の電磁波をいう。

(2)「無線設備」とは、無線電信、無線電話その他［②］ための電気的設備をいう。

(3)「無線局」とは、無線設備及び［③］の総体をいう。ただし、［④］のみを目的とするものを含まない。

1－3　次の記述は、用語の定義である。電波法施行規則（第2条）の規定ににに照らし、□内に適切な字句を記入せよ。

(1)「単信方式」とは、相対する方向で送信が［①］に行われる通信方式をいう。

(2)「レーダー」とは、決定しようとする位置から反射され、又は［②］される無線信号と基準信号との比較を基礎とする［③］の設備をいう。

(3)「送信設備」とは、送信装置と［④］とから成る電波を送る設備をいう。

1－4　次に掲げる無線通信業務の定義のうち、電波法施行規則（第3条）の規定に照らし、誤っているものを選べ。

① 固定業務とは、一定の固定地点の間の無線通信業務（陸上移動中継局との間のものを除く。）をいう。

② 放送業務とは、一般公衆によって直接受信されるための無線電話、テレビジョン、データ伝送又はファクシミリによる無線通信業務をいう。

③ 陸上移動業務とは、基地局と陸上移動局との間の無線通信業務をいう。

④ アマチュア業務とは、金銭上の利益のためでなく、もっぱら個人的な無線技術の興味によって行う、自己訓練、通信及び技術的研究の業務をいう。

第２章

無線局の免許

無線局を自由に開設することは許されていない。すなわち、有限希少な電波の使用を各人の自由に任せると、電波の利用社会に混乱が生じ、電波の公平かつ能率的な利用は確保できない。このため電波法は、電波の利用に係る最も基本的な事項の一つとして無線局の開設について規定している。

2.1　無線局の開設と免許

(1)　電波法においては、無線設備によって電波を送受信するためには無線局を開設することが必要である。そして無線局を開設しようとする者は、原則として総務大臣の免許を受けなければならない。

（法４）

無線局の開設とは、無線設備を設置して、その無線設備を操作する人によって電波を発射し又は発射できる状態にすることをいう。

例外的な措置として、発射する電波が著しく微弱なもの又は一定の条件に適合する無線設備のみを使用するもので、目的、利用等が特定された小電力の無線局など(2)に掲げるものについては、免許を要しないとしている。（法４ただし書）

(2)　免許を要しない無線局

ア　電波法第４条ただし書によるもの

①　発射する電波が著しく微弱な無線局であって総務省令（施６-１）で定めるもの

(ア)　当該無線局の無線設備から３メートルの距離において、その電界強度が、周波数帯の区分ごとに規定する値以下であるもの

(イ) 当該無線局の無線設備から500メートルの距離において、その電界強度が毎メートル200マイクロボルト以下のものであって、総務大臣が用途並びに電波の型式及び周波数を定めて告示するもの

(ウ) 標準電界発生器、ヘテロダイン周波数計その他の測定用小型発振器

② 26.9メガヘルツから27.2メガヘルツまでの周波数の電波を使用し、かつ、空中線電力が0.5ワット以下である無線局のうち総務省令（施6－3）で定めるものであって、適合表示無線設備のみを使用するもの（市民ラジオの無線局）

（注）適合表示無線設備とは、小規模な無線局に使用するための無線設備であって総務省令で定めるものについて、電波法第3章に定める技術基準に適合していることの表示が付されたものをいう。（法4②）

③ 空中線電力が1ワット以下である無線局のうち総務省令（施6－4）で定めるものであって、電波法の規定により指定された呼出符号又は呼出名称を自動的に送信し、又は受信する機能その他総務省令（施6の2、設9の4）で定める機能を有することにより他の無線局にその運用を阻害するような混信その他の妨害を与えないよう運用することができるもので、かつ、適合表示無線設備のみを使用するもの

具体的な無線局としては、次のものがある。

コードレス電話の無線局、特定小電力無線局、小電力セキュリティシステムの無線局、小電力データ通信システムの無線局、デジタルコードレス電話の無線局、狭域通信システムの陸上移動局、5GHz帯無線アクセスシステムの陸上移動局又は携帯局で空中線電力が0.01ワット以下のもの、超広帯域無線システムの無線局、700MHz帯高度道路交通システムの無線局及び5.2GHz帯高出力データ通信システムの陸上移動局で空中線電力が0.2ワット以下であるもの

④　総務大臣の登録を受けて開設する無線局（登録局）

イ　電波法第４条の２によるもの

①　本邦に入国する者が持ち込む無線設備（例：WiFi 端末等）が電波法第３章に定める技術基準に相当する技術基準として総務大臣が告示で指定する技術基準に適合する等の条件を満たす場合は、当該無線設備を適合表示無線設備とみなし、入国の日から 90 日以内は無線局の免許を要しない（要旨）。

②　電波法第３章に定める技術基準に相当する技術基準として総務大臣が指定する技術基準に適合している無線設備を使用して実験等無線局（科学又は技術の発達のための実験、電波の利用の効率性に関する試験又は電波の利用の需要に関する調査に専用する無線局をいう。）（ア③の総務省令で定める無線局のうち、用途、周波数その他の条件を勘案して総務省令で定めるものに限る。）を開設しようとする者は、所定の事項を総務大臣に届け出ることができる。

この届出があったときは、当該実験等無線局に使用される無線設備は、適合表示無線設備でない場合であっても、当該届出の日から 180 日を超えない日又は当該実験等無線局を廃止した日のいずれか早い日までの間に限り、適合表示無線設備とみなし、無線局の免許を要しない（要旨）。

（参考１）②の免許を要しない実験等無線局は、次に掲げる無線局（周波数等略）であって、総務大臣が別に告示する条件に適合するものとされている。（施６の２の４抜粋）

1　特定小電力無線局のうち、次に掲げるもの

⑴　テレメーター（医療用テレメーターを除く。）用で使用するもの（915MHz を超え 930MHz 以下の周波数の電波を使用するものに限る。）

⑵　移動体識別用で使用するもの（915MHz を超え 930MHz 以下の周波数の電波を使用するものに限る。）

⑶　ミリ波レーダー（移動体検知センサーを除く。）用で使用するもの

⑷　移動体検知センサー用で使用するもの（57GHz を超え

66GHz以下の周波数の電波を使用するものに限る。)

2　小電力データ通信システムの無線局（2,400MHz以上2,483.5MHz以下、57GHzを超え66GHz以下の周波数等の電波を使用するものに限る。)

3　デジタルコードレス電話の無線局であって、1,897.4MHz、1,899.2MHz、1,901MHzの周波数等の電波を使用するもの（その無線設備の占有周波数帯幅の許容値が1,400KHzのものに限る。）等

4　5.2GHz帯高出力データ通信システムの陸上移動局

（参考２）②の制度は、令和元年の電波法改正により導入されたものである。

(3)　罰則

(1)の規定による免許又は2.5の規定による登録がないのに無線局を開設した者は、1年以下の懲役又は100万円以下の罰金に処する。

（法110）

2.2　免許の欠格事由

免許の欠格事由とは、無線局の免許を受ける資格に欠ける事由をいう。欠格事由は、外国性の排除に関する絶対的欠格事由と電波の利用における反社会的な人格に関する相対的欠格事由がある。

外国性排除の理由は、我が国で利用できる電波の希少性に起因している。すなわち電波の周波数は、国際条約により、地域別、業務別に分配され、各国はその枠内において需要に対応することとなる。我が国においては、国内の需要に十分対応できない状態であり、外国人にまでその利用を拡大する余裕はない。このため、特別な場合を除き、先ず日本国民の需要に対応すべき、日本の利益のために利用すべきとの考え方によりとられている措置である。

また、反社会性の排除は、電波利用社会において、電波法又は放送法に規定された罪を犯して罰せられた者、電波法上の違法行為により無線局の免許の取消しを受けた者に対しては、予防制裁の観点から、一定期間は情状により無線局の免許を与えないことができるようにして反省を促すとともに、電波利用社会の秩序の維持を図るための措置

である。

(1)　外国性の排除（絶対的欠格事由）

次のいずれかに該当する者には、無線局の免許を与えない。

（法５－１）

ア　日本の国籍を有しない人

イ　外国政府又はその代表者

ウ　外国の法人又は団体

エ　法人又は団体であって、ア、イ又はウに掲げる者がその代表者であるもの又はこれらの者がその役員の３分の１以上若しくは議決権の３分の１以上を占めるもの

(2)　外国性排除の例外

(1)の規定は、次に掲げる無線局については、適用しない。（法5-2）

ア　実験等無線局

イ　アマチュア無線局（個人的な興味によって無線通信を行うために開設する無線局をいう。）

ウ　船舶の無線局（船舶に開設する無線局のうち、電気通信業務を行うことを目的とするもの以外のもの（ア及びイを除く。）をいう。）

エ　航空機の無線局（航空機に開設する無線局のうち、電気通信業務を行うことを目的とするもの以外のもの（ア及びイを除く。）をいう。）

オ　特定の固定地点間の無線通信を行う無線局（実験等無線局、アマチュア無線局、大使館、公使館又は領事館の公用に供するもの及び電気通信業務を行うことを目的とするものを除く。）

カ　大使館、公使館又は領事館の公用に供する無線局（特定の固定地点間の無線通信を行うものに限る。）であって、その国内において日本国政府又はその代表者が同種の無線局を開設することを認める国の政府又はその代表者の開設するもの

キ　自動車その他の陸上を移動するものに開設し、若しくは携帯して使用するために開設する無線局又はこれらの無線局若しくは携帯して使用するための受信設備と通信を行うために陸上に開設する移動しない無線局（電気通信業務を行うことを目的とするものを除く。）

ク　電気通信業務を行うことを目的として開設する無線局

ケ　電気通信業務を行うことを目的とする無線局の無線設備を搭載する人工衛星の位置、姿勢等を制御することを目的として陸上に開設する無線局

⑶　免許を与えられないことがある者（相対的欠格事由）

次のいずれかに該当する者には、無線局の免許を与えないことができる。（法5－3）

ア　電波法又は放送法に規定する罪を犯し罰金以上の刑に処せられ、その執行を終わり、又はその執行を受けることがなくなった日から２年を経過しない者

イ　電波法の規定（6.3.4の規定（⑵ア④及びイ⑤を除く。）により無線局の免許の取消しを受け、その取消しの日から２年を経過しない者

ウ　特定無線局（2.4参照）の認定開設者が認定の取消しを受け、その取消しの日から２年を経過しない者

エ　電波法の規定（6.3.4⑵ウ（③を除く。）参照）により2.5の登録の取消しを受け、その取消しの日から２年を経過しない者

⑷　基幹放送局の免許の欠格事由

基幹放送をする無線局（受信障害対策中継放送、衛星基幹放送及び移動受信用地上基幹放送をする無線局を除く。）については、⑴及び⑶の規定にかかわらず、次のアからエまで（コミュニティ放送をする無線局にあっては、ウを除く。）のいずれかに該当する者には、無線局の免許を与えない。（法5－4）

ア　⑴のアからウまで若しくは⑶の各号に掲げる者又は放送法第103条第１項若しくは第104条（第５号を除く。）の規定による

基幹放送業務の認定の取消し若しくは第131条の規定により一般放送業務の登録の取消しを受け、その取消しの日から２年を経過しない者

イ　法人又は団体であって、⑴のアからウまでに掲げる者が特定役員（放送法第２条第31号に規定する特定役員をいう。）であるもの又はこれらの者がその議決権の５分の１以上を占めるもの

ウ　法人又は団体であって、①に掲げる者により直接に占められる議決権の割合（「外国人等直接保有議決権割合」という。）とこれらの者により②に掲げる者を通じて間接に占められる議決権の割合として総務省令で定める割合（「外国人等間接保有議決権割合」という。）とを合計した割合が５分の１以上であるもの（イに該当する場合を除く。）

① ⑴のアからウまでに掲げる者

② 外国人等直接保有議決権割合が総務省令で定める割合以上である法人又は団体

エ　法人又は団体であって、その役員が⑶のアからエまでのいずれかに該当する者であるもの

⑸　特定基地局の免許の欠格事由

特定基地局の開設計画の認定を受けた者であって、特定基地局の開設指針（2.4.4参照）に定める納付の期限までに特定基地局開設料を納付していないものには、当該特定基地局開設料が納付されるまでの間、特定基地局の免許を与えないことができる。　（法５－６）

2.3　無線局の免許手続

無線局の免許の申請から免許が付与されるまでの手続の概要は、次の流れ図のとおりである。

この場合において、電波法に規定されている無線局の免許の付与など総務大臣の権限の一部が所轄総合通信局長（沖縄総合通信事務所長を含む。）に委任されているので、法の規定により総務大臣に提出す

る書類の提出先が、総務省令（電波法施行規則）により総務大臣又は総合通信局長とされているものがある。また、総務大臣へ提出する書類は、一部のものを除き、総合通信局長を経由して提出することとされている。（法104の3－1、施51の15、52）

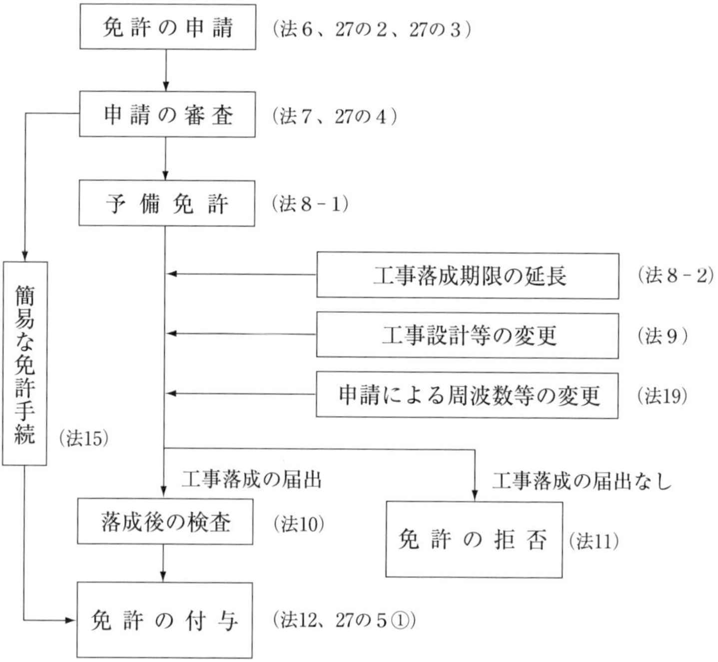

（注）法27の2から法27の5は、包括免許に関する参照条文である。

2.3.1　免許の申請

(1)　無線局の免許の申請

無線局の免許を受けようとする者は、免許申請書に、次に掲げる事項（2.2の(2)に掲げる無線局の免許を受けようとする者にあっては、コに掲げる事項を除く。）を記載した書類（無線局事項書、工事設計書）を添えて、総務大臣に提出しなければならない。（法6－1）

ア　目的（2以上の目的を有する無線局であって、その目的に主たるものと従たるものの区別がある場合にあっては、その主従の区別を含む。）

イ　開設を必要とする理由

ウ　通信の相手方及び通信事項

エ　無線設備の設置場所（移動する無線局のうち、次の(ア)又は(イ)に掲げるものについては、それぞれ(ア)又は(イ)に定める事項）

(ア)　人工衛星局　その人工衛星の軌道又は位置

(イ)　人工衛星局、船舶の無線局（人工衛星局の中継によってのみ無線通信を行うものを除く。）、船舶地球局、航空機の無線局（人工衛星局の中継によってのみ無線通信を行うものを除く。）及び航空機地球局以外の無線局　移動範囲

オ　電波の型式並びに希望する周波数の範囲及び空中線電力

カ　希望する運用許容時間（運用することができる時間をいう。）

キ　無線設備の工事設計及び工事落成の予定期日

ク　運用開始の予定期日

ケ　他の無線局の免許人又は登録人（「免許人等」という。）との間で混信その他の妨害を防止するために必要な措置に関する契約を締結しているときは、その契約の内容

コ　法人又は団体にあっては、次に掲げる事項

①　代表者の氏名又は名称及び電波法第５条第１項第１号から第３号までに掲げる者により占められる役員の割合

②　外国人等直接保有議決権割合

(2)　基幹放送局の免許の申請

基幹放送局の免許を受けようとする者は、(1)の規定にかかわらず、申請書に、次に掲げる事項を記載した書類を添えて、総務大臣に提出しなければならない。（法６-２）

ア　目的

イ　(1)のイからケまで（基幹放送のみをする無線局の免許を受けようとする者にあっては、ウを除く。）に掲げる事項

ウ　無線設備の工事費及び無線局の運用費の支弁方法

エ　事業計画及び事業収支見積

オ　放送区域

カ　基幹放送の業務に用いられる電気通信設備の概要

キ　自己の地上基幹放送の業務に用いる無線局（「特定地上基幹放送局」）をいう。）の免許を受けようとする者にあっては、放送事項

ク　地上基幹放送の業務を行うことについて放送法の規定により認定を受けようとする者の当該業務に用いられる無線局の免許を受けようとする者にあっては、当該認定を受けようとする者の氏名又は名称

ケ　法人又は団体にあっては、次に掲げる事項

①　特定役員の氏名又は名称（受信障害対策中継放送、衛星基幹放送又は移動受信用地上基幹放送の業務に用いられる無線局の免許を受けようとする者にあっては、代表者の氏名又は名称及び電波法第５条第１項第１号から第３号までに掲げる者により占められる役員の割合）

②　外国人等直接保有議決権割合

③　地上基幹放送（受信障害対策中継放送及びコミュニティ放送を除く。）の業務に用いられる無線局の免許を受けようとする者にあっては、外国人等直接保有議決権割合と外国人等間接保有議決権割合とを合計した割合

(3)　船舶局の免許の申請

船舶局（船舶の無線局のうち、無線設備が遭難自動通報設備又はレーダーのみのもの以外のものをいう。）の免許を受けようとする者は、(1)の書類に、(1)に掲げる事項のほか、次に掲げる事項を併せて記載しなければならない。　（法６-３）

ア　その船舶に関する次の事項

①　所有者　②　用途　③　総トン数　④　航行区域

⑤　主たる停泊港　　⑥　信号符字

⑦　旅客船であるときは、旅客定員

⑧　国際航海に従事する船舶であるときは、その旨

⑨　船舶安全法の規定により無線電信又は無線電話の施設を免除された船舶であるときは、その旨

イ　電波法第35条の規定による措置をとらなければならない船舶局であるときは、そのとることとした措置

(4)　航空機局の免許の申請

航空機局（航空機の無線局のうち、無線設備がレーダーのみのもの以外のものをいう。）の免許を受けようとする者は、(1)の書類に、(1)に掲げる事項のほか、その航空機に関する次に掲げる事項を併せて記載しなければならない。　（法6-5）

①　所有者　　②　用途　　③　型式　　④　航行区域

⑤　定置場　　⑥　登録記号

⑦　航空法の規定により無線設備を設置しなければならない航空機であるときは、その旨

(5)　競願処理のための申請時期

次に掲げる無線局（総務省令で定めるものを除く。）であって総務大臣が公示する周波数を使用するものの免許の申請は、総務大臣が公示する期間内に行わなければならない。　（法6-8）

ア　電気通信業務を行うことを目的として陸上に開設する移動する無線局（1又は2以上の都道府県の区域の全部を含む区域をその移動範囲とするものに限る。）

イ　電気通信業務を行うことを目的として陸上に開設する移動しない無線局であって、アに掲げる無線局を通信の相手方とするもの（「電気通信業務用基地局」という。）

ウ　電気通信業務を行うことを目的として開設する人工衛星局

エ　基幹放送局

⑹　免許の単位

無線局の免許の申請は、無線局の種別に従い、送信設備の設置場所（移動する無線局のうち、人工衛星局については人工衛星、船舶局、遭難自動通報局（携帯用位置指示無線標識のみを設置するものを除く。）、航空機局、無線航行移動局、人工衛星局、船舶地球局及び航空機地球局以外のものについては送信装置）ごとに行わなければならない。（免2-1）

2.3.2　申請の審査

⑴　審査事項（基幹放送局以外の無線局の場合）

総務大臣は、2.3.1⑴の申請書を受理したときは、遅滞なくその申請が次のいずれにも適合しているかどうかを審査しなければならない。（法7-1）

ア　工事設計が電波法第3章に定める技術基準に適合すること。

イ　周波数の割当てが可能であること。

ウ　主たる目的及び従たる目的を有する無線局にあっては、その従たる目的の遂行がその主たる目的の遂行に支障を及ぼすおそれがないこと。

エ　アからウまでに掲げるもののほか、総務省令で定める無線局（基幹放送局を除く。）の開設の根本的基準に合致すること。

⑵　基幹放送局の審査事項

総務大臣は、2.3.1⑵の免許の申請書を受理したときは、遅滞なくその申請が次のいずれにも適合しているかどうかを審査しなければならない。（法7-2抜粋）

ア　工事設計が電波法第3章に定める技術基準に適合すること及び基幹放送の業務に用いられる電気通信設備が放送法で定める技術基準に適合すること。

イ　総務大臣が定める基幹放送用周波数使用計画（基幹放送局に使用させることのできる周波数及びその周波数の使用に関し必要な

事項を定める計画をいう。）に基づき、周波数の割当てが可能であること。

ウ　当該業務を維持するに足りる経理的基礎及び技術的能力があること。

エ～カ　（省略）

キ　アからカまでに掲げるもののほか、総務省令で定める基幹放送局の開設の根本的基準に合致すること。

2.3.3　予備免許

総務大臣は、2.3.2により審査した結果、その申請が2.3.2⑴又は⑵の各審査事項に適合していると認めるときは、申請者に対し、次に掲げる事項（これらの事項を「指定事項」という。）を指定して、無線局の予備免許を与える。（法8－1）

（参考）予備免許とは、無線局の免許申請内容のすべてが、免許申請書に記載したとおりに実現し、落成後の検査に合格した場合は、免許を与えるという意味をもつ行政処分である。

⑴　工事落成の期限

⑵　電波の型式及び周波数

⑶　識別信号（呼出符号（標識符号を含む。）、呼出名称その他の総務省令で定める識別信号）

⑷　空中線電力

⑸　運用許容時間

2.3.4　予備免許中の変更

⑴　工事落成期限の延長

総務大臣は、予備免許を受けた者から申請があった場合において、相当と認めるときは、工事落成の期限を延長することができる。

（法8－2）

⑵　工事設計の変更

ア　予備免許を受けた者は、工事設計を変更しようとするときは、あらかじめ総務大臣の許可を受けなければならない。ただし、総務省令で定める軽微な事項については、この限りでない。(法９-１)

イ　アのただし書の軽微な事項について工事設計を変更したときは、遅滞なくその旨を総務大臣に届け出なければならない。

(法９-２)

ウ　アの工事設計の変更は、周波数、電波の型式又は空中線電力に変更を来すものであってはならず、かつ、電波法に定める技術基準に合致するものでなければならない。(法９-３)

(注) 周波数、電波の型式又は空中線電力に変更を来たす場合は、(4)の指定の変更の手続が必要である。

(3)　無線局の目的等の変更

ア　予備免許を受けた者は、無線局の目的、通信の相手方、通信事項、放送事項、放送区域、無線設備の設置場所又は基幹放送の業務に用いられる電気通信設備を変更しようとするときは、あらかじめ総務大臣の許可を受けなければならない。ただし、次に掲げる事項を内容とする無線局の目的の変更は、これを行うことができない。(法９-４)

①　基幹放送局以外の無線局が基幹放送をすることとすること。

②　基幹放送局が基幹放送をしないこととすること。

イ　次の各号に掲げる無線局について予備免許を受けた者は、当該各号に定める変更があったときは、遅滞なく、その旨を総務大臣に届け出なければならない。

①　基幹放送局以外の無線局（電波法第５条第２項各号に掲げる無線局を除く。）　電波法第６条第１項第10号に掲げる事項の変更（総務省令で定めるものを除く。）

②　基幹放送局　電波法第６条第２項第３号、第４号、第６号、第８号又は第９号に掲げる事項の変更（総務省令で定めるものを除く。）

⑷　指定事項の変更

総務大臣は、予備免許を受けた者が識別信号、電波の型式、周波数、空中線電力又は運用許容時間の指定の変更を申請した場合において、混信の除去その他特に必要があると認めるときは、その指定を変更することができる。（法 19）

（注）電波の型式、周波数、又は空中線電力の指定の変更を受けた場合は、⑵に記述したところに従って、工事設計の変更の手続が必要である。

2.3.5　落成後の検査

⑴　予備免許を受けた者は、工事が落成したときは、その旨を総務大臣に届け出て、その無線設備、無線従事者の資格（主任無線従事者の要件（4.6 参照）、船舶局無線従事者証明（4.7 参照）及び遭難通信責任者の要件（4.9 参照）に係るものを含む。）及び員数並びに時計及び書類（5.5 参照）（これらを総称して「無線設備等」という。）について検査を受けなければならない。（法 10－1）

⑵　⑴の検査は、検査を受けようとする者が、検査を受けようとする無線設備等について総務大臣の登録を受けた者（登録検査等事業者又は登録外国点検事業者）が総務省令で定めるところにより行った当該登録に係る点検の結果を記載した書類（⑶の無線設備等の点検実施報告書）を添えて⑴の届出をした場合においては、その一部を省略することができる。（2.6 参照）（法 10－2）

ただし、人の生命又は身体の安全の確保のためその適正な運用の確保が必要な無線局として総務省令で定める無線局（6.4.1.3 ⑶参照）で国が開設するものは除かれる。（登 19－3）

⑶　⑵により提出された無線設備等の点検実施報告書（点検結果通知書を添付しなければならない。）が適正なものであって、かつ、点検を実施した日から起算して３箇月以内に提出された場合は、検査の一部が省略される。（施 41－6）

⑷　免許の拒否

予備免許において指定された工事落成の期限（2.3.4⑴による期限の延長があったときはその期限）経過後２週間以内に⑴の規定による届出がないときは、総務大臣は、その免許を拒否しなければならない。（法 11）

2.3.6　免許の付与及び免許状の交付

⑴　免許の付与

ア　総務大臣は、2.3.5⑴の検査を行った結果、その無線設備が工事設計（変更があったときは、変更があったもの）に合致し、かつ、その無線従事者の資格及び員数並びに時計及び書類が電波法の規定にそれぞれ違反しないと認めるときは、遅滞なく申請者に対し免許を与えなければならない。（法 12）

イ　適合表示無線設備のみを使用する無線局その他総務省令で定める無線局の免許については、総務省令で定める簡易な手続によることができる。（法 15）

ウ　次に掲げる無線局については、免許の申請を審査した結果、審査事項に適合しているときは、予備免許から落成後の検査までの手続等を省略して、審査後に免許が付与される（「簡易な免許手続」という。）。

①　適合表示無線設備のみを使用する無線局（免 15 の４－１）

②　無線機器型式検定規則による型式検定に合格した無線設備の機器を使用する遭難自動通報局その他総務大臣が告示する無線局（免 15 の５－１）

③　特定実験試験局（総務大臣が公示する周波数、当該周波数の使用が可能な地域及び期間並びに空中線電力の範囲内で開設する実験試験局をいう。（免２－１））（免 15 の６－１）

⑵　免許状の交付

総務大臣は、免許を与えたときは、無線局免許状を交付する。

（法 14－１）

(3)　免許状の記載事項

ア　免許状には、次に掲げる事項を記載しなければならない。

（法 14－2）

① 免許の年月日及び免許の番号
② 免許人（無線局の免許を受けた者をいう。）の氏名又は名称及び住所
③ 無線局の種別
④ 無線局の目的
⑤ 通信の相手方及び通信事項
⑥ 無線設備の設置場所
⑦ 免許の有効期間
⑧ 識別信号
⑨ 電波の型式及び周波数
⑩ 空中線電力
⑪ 運用許容時間

イ　基幹放送局の免許状には、アの規定にかかわらず、次に掲げる事項を記載しなければならない。（法 14－3）

① アの各号（基幹放送のみをする無線局の免許状にあっては、⑤を除く。）に掲げる事項
② 放送区域
③ 特定地上基幹放送局の免許状にあっては放送事項、認定基幹放送事業者の地上基幹放送の業務の用に供する無線局にあってはその無線局に係る認定基幹放送事業者の氏名又は名称

（注）認定基幹放送事業者とは、特定地上基幹放送局の免許を受けた者以外のものであって、放送法の規定により基幹放送を行う者として認定を受けた者をいう。（放２㉑）

2.3.7　無線局の運用の開始及び休止の届出

(1)　免許人は、免許を受けたときは、遅滞なくその無線局の運用開始

の期日を総務大臣に届け出なければならない。ただし、総務省令で定める無線局については、この限りでない。（法 16 - 1）

(2) (1)の規定により届け出た無線局の運用を１箇月以上休止するときは、免許人は、その休止期間を総務大臣に届け出なければならない。休止期間を変更するときも、同様とする。（法 16 - 2）

2.3.8 免許の有効期間及び再免許

2.3.8.1 免許の有効期間

(1) 無線局の免許の有効期間は、電波が有限希少な資源であり、電波利用に係る関係国際条約の改正又は無線技術の進展、電波利用の増大等に対応して、電波の公平かつ能率的な利用を確保するため周波数割当ての見直しを行うために設けられたものである。

免許の有効期間は、無線局の免許の効力を期間的に制約するもので、免許の有効期間の満了の時点で免許はその効力を失うことになるので、無線局を運用することができなくなる。

(2) 免許の有効期間は、免許の日から起算して５年を超えない範囲内において総務省令で定める。ただし、再免許を妨げない。（法 13 - 1）

(3) 船舶安全法第４条の船舶の船舶局（「義務船舶局」という。）及び航空法第 60 条の規定により無線設備を設置しなければならない航空機の航空機局（「義務航空機局」という。）の免許の有効期間は、(2)の規定にかかわらず、無期限とする。（法 13 - 2）

(4) (2)の規定により総務省令で定めることとされている無線局の免許の有効期間は、次のとおりである。（施 7）

ア　地上基幹放送局（臨時目的放送を専ら行うものに限る。）
当該放送の目的を達成するために必要な期間

イ　地上基幹放送試験局　２年

ウ　衛星基幹放送局（臨時目的放送を専ら行うものに限る。）
当該放送の目的を達成するために必要な期間

エ　衛星基幹放送試験局　2年

オ　特定実験試験局（2.3.6(1)ウ③参照）

当該周波数の使用が可能な期間

カ　実用化試験局　2年

キ　その他の無線局　5年

(5)　免許の有効期間の終期の統一

ア　免許の有効期間は、同一の種別（地上基幹放送局については、コミュニティ放送を行う地上基幹放送局とそれ以外の放送を行う地上基幹放送局の区分別とする。）に属する無線局について同時に有効期間が満了するように終期が統一されている。　（施8-1）

このため、総務省令で定める無線局の種別ごとの免許の有効期間は、総務大臣が定める一定の時期に免許された無線局に適用されるものとされ、免許の日がこれと異なる無線局の免許の有効期間は、その一定の時期に免許された無線局の免許の有効期間の満了の日までの期間とされている。

イ　陸上移動業務の無線局等を除き、同時に免許の有効期間が満了するよう総務大臣が定める一定の時期は、電波法附則第9項（電波法施行の日の昭和25年6月1日）及び電波法施行規則第53条の規定に基づいて算定される。

ウ　陸上移動業務の無線局等について、同時に免許の有効期間が満了するよう総務大臣が定める一定の時期は、総務大臣が別に告示で定める日とされている。　（施8-1）

（参考）総務大臣が別に告示で定める日は、次のとおりである。

(1)　総務大臣が毎年一の別に告示で定める日　（平成19告示429）

ア　陸上移動業務の無線局（(2)イに該当するものを除く。）、携帯移動業務の無線局、無線呼出局及び船上通信局　6月1日

イ　無線航行移動局及び地球局（船舶地球局を除く。）　12月1日

ウ　船舶地球局　2月1日

（これにより、新規免許の無線局の免許の有効期間は、4年以上確保されることとなる。）

⑵　総務大臣が別に告示で定める日　　　　　　　　　　　（平成 29 告示 310）

ア　コミュニティ放送を行う地上基幹放送局

平成 27 年 11 月 1 日及びその後 5 年ごとの 11 月 1 日

イ　無線設備規則第 3 条第 1 号に規定する携帯無線通信を行う無線局及び同条第 10 号に規定する広帯域移動無線アクセスシステムのうち 2,545MHz を超え 2,575MHz 以下及び 2,595MHz を超え 2,645MHz 以下の周波数の電波を使用するもの

平成 29 年 10 月 1 日及びその後 5 年ごとの 10 月 1 日

エ　アの免許の有効期間の終期の統一の規定は、船舶局、遭難自動通報局、航空機局、アマチュア局、簡易無線局、構内無線局、実験試験局、実用化試験局等には適用されない。　（施 8－2）

2.3.8.2　再免許

⑴　再免許は、免許の有効期間の満了と同時に、旧免許内容を存続し、そのまま新免許に移しかえるものである。

義務船舶局及び義務航空機局を除く無線局は、免許の有効期間が定められており、有効期間の満了後引き続いてその無線局の運用を必要とする場合は、再免許を申請することができる。

この再免許は、総務省令で定める簡易な免許手続によることができる。　（法 15）

⑵　再免許の申請

再免許を申請しようとするときは、所定の事項を記載した申請書を総務大臣又は総合通信局長に提出して行わなければならない。

（免 16－1）

⑶　申請の期間

ア　再免許の申請は、免許の有効期間満了前 3 箇月以上 6 箇月を超えない期間（アマチュア局（人工衛星等のアマチュア局を除く。）にあっては免許の有効期間満了前 1 箇月以上 1 年を超えない期間、特定実験試験局にあっては免許の有効期間満了前 1 箇月以上 3 箇月を超えない期間）において行わなければならない。ただし、

免許の有効期間が1年以内である無線局については、その有効期間満了前1箇月までに行うことができる。（免18-1）

イ　アの規定にかかわらず、再免許の申請が総務大臣が別に告示する無線局に関するものであって、当該申請を電子申請等により行う場合にあっては、免許の有効期間満了前1箇月以上6箇月を超えない期間に行うことができる。（免18-2）

ウ　免許の有効期間満了前1箇月以内に免許を与えられた無線局については、アの規定にかかわらず、免許を受けた後直ちに再免許の申請を行わなければならない。（免18-3）

(4)　審査及び免許の付与

総務大臣又は総合通信局長は、免許の申請があったときと同様に2.3.2(1)又は(2)の規定により再免許の申請を審査した結果、その申請が審査事項に適合していると認めるときは、申請者に対し、次に掲げる事項を指定して、無線局の免許を与える。（免19-1）

ア　電波の型式及び周波数

イ　識別信号

ウ　空中線電力

エ　運用許容時間

2.3.9　免許内容の変更

2.3.9.1　無線局の目的、通信の相手方、通信事項等の変更

(1)　免許人は、無線局の目的、通信の相手方、通信事項、放送事項、放送区域、無線設備の設置場所若しくは基幹放送の業務に用いられる電気通信設備を変更し、又は無線設備の変更の工事をしようとするときは、あらかじめ総務大臣の許可を受けなければならない。ただし、次に掲げる事項を内容とする無線局の目的の変更は、これを行うことができない。（法17-1）

ア　基幹放送局以外の無線局が基幹放送をすることとすること。

イ　基幹放送局が基幹放送をしないこととすること。

(2) (1)本文の規定にかかわらず、基幹放送の業務に用いられる電気通信設備の変更が総務省令で定める軽微な変更に該当するときは、その変更をした後遅滞なく、その旨を総務大臣に届け出ることをもって足りる。（法 17－2）

(3) 無線局の目的の変更に係る(1)の許可については、2.2（免許の欠格事由）の規定、無線設備の変更の工事をする場合については、2.3.4（予備免許中の変更）の規定を、それぞれ準用する。（法 17－3）

2.3.9.2　変更検査

(1) 2.3.9.1 により無線設備の設置場所の変更又は無線設備の変更の工事の許可を受けた免許人は、総務大臣の検査を受け、当該変更又は工事の結果が許可の内容に適合していると認められた後でなければ、許可に係る無線設備を運用してはならない。ただし、総務省令で定める場合は、この限りでない。（法 18－1）

(2) (1)の検査は、検査を受けようとする者が、検査を受けようとする無線設備について総務大臣の登録を受けた者（登録検査等事業者又は登録外国点検事業者）が総務省令で定めるところにより行った当該登録に係る点検の結果を記載した書類（(3)の無線設備等の点検実施報告書）を総務大臣に提出した場合においては、その一部を省略することができる。（2．6 参照）（法 18－2）

ただし、人の生命又は身体の安全の確保のためその適正な確保が必要な無線局として総務省令で定める無線局（6.4.1.3 (3)の無線局）で、国が開設するものは除かれる。（登 19－3）

(3) (2)により提出された無線設備等の点検実施報告書（点検結果通知書を添付しなければならない。）が適正なものであって、かつ、点検を実施した日から起算して３箇月以内に提出された場合は、検査の一部が省略される。（施 41 の 6）

(4) (1)の規定に違反して無線設備を運用した者は、１年以下の懲役又は 100 万円以下の罰金に処する。（法 110⑥）

2.3.9.3　指定事項の変更

(1)　申請による周波数等の変更

総務大臣は、免許人又は予備免許を受けた者が識別信号、電波の型式、周波数、空中線電力又は運用許容時間の指定の変更を申請した場合において、混信の除去その他特に必要があると認めるときは、その指定を変更することができる。（法 19）

(2)　公益上の必要による周波数等の変更

総務大臣は、電波の規整その他公益上必要があるときは、無線局の目的の遂行に支障を及ぼさない範囲内に限り、当該無線局（登録局を除く。）の周波数若しくは空中線電力の指定を変更し、又は登録局の周波数若しくは空中線電力の変更を命ずることができる。
（6.2.1 参照）（法 71－1）

(3)　指定の変更に伴う無線設備の変更

(1)又は(2)の規定により、電波の型式、周波数又は空中線電力の指定の変更を受けたことにより、無線設備の変更の工事が必要となる場合は、2.3.9.1 の規定による無線設備の変更の工事の許可及び 2.3.9.2 の規定による変更検査を受けることが必要となる。

2.3.9.4　免許人の地位の承継

無線局の免許は、免許申請者の人的要件、無線設備等の物的要件に係る審査等を経て付与されるものであるから、免許人たる人格が変われば、原則として、無線局の免許は効力を消滅するものと考えられる。しかし、電波監理上及び国民生活上の便宜から、免許人が変わっても、引き続いて免許人の地位の承継が認められる場合がある。

(1)　相続による承継

免許人について相続があったときは、その相続人は、免許人の地位を承継する。（法 20－1）

(2)　法人の合併又は分割による承継

免許人（(5)及び(6)に規定する無線局の免許人を除く。）たる法人が合併又は分割をしたときは、合併後存続する法人若しくは合併により設立された法人又は分割により当該事業の全部を承継した法人は、総務大臣の許可を受けて免許人の地位を承継することができる。　(法20-2)

⑶　事業の譲渡による承継

免許人が無線局をその用に供する事業の全部の譲渡しをしたときは、譲受人は、総務大臣の許可を受けて免許人の地位を承継することができる。　(法20-3)

(注)　地上基幹放送局に関する規定（法20－4、20－5）は、記述を省略した。

⑷　欠格事由及び申請の審査

免許の欠格事由(2.2参照)及び免許申請の審査(2.3.2参照)の規定は、⑵及び⑶の許可に準用する。　(法20-6)

⑸　船舶の運行者の変更による承継

船舶局若しくは船舶地球局（電気通信業務を行うことを目的とするものを除く。）のある船舶又は無線設備が遭難自動通報設備若しくはレーダーのみの無線局のある船舶について、船舶の所有権の移転その他の理由により船舶を運行する者に変更があったときは、変更後船舶を運行する者は、免許人の地位を承継する。　(法20-7)

⑹　航空機の運行者の変更による承継

⑸の規定は、航空機局若しくは航空機地球局（電気通信業務を行うことを目的とするものを除く。）のある航空機又は無線設備がレーダーのみの無線局のある航空機に準用する。　(法20-8)

⑺　届出

⑴、⑸及び⑹の規定により免許人の地位を承継した者は、遅滞なく、その事実を証する書面を添えてその旨を総務大臣に届け出なければならない。　(法20-9)

⑻　予備免許の承継

⑴から⑺までの規定は、予備免許を受けた者に準用する。(法20-10)

2.3.10　無線局の廃止

(1)　廃止の届出

ア　免許人は、その無線局を廃止するときは、その旨を総務大臣に届け出なければならない。（法 22）

イ　免許人が無線局を廃止したときは、免許は、その効力を失う。（法 23）

(2)　廃止に伴う措置

ア　免許がその効力を失ったときは、免許人であった者は、１箇月以内にその免許状を返納しなければならない。（法 24）

イ　無線局の免許等がその効力を失ったときは、免許人等であった者は、遅滞なく空中線の撤去その他の総務省令で定める電波の発射を防止するために必要な措置を講じなければならない。（法 78）

(3)　総務省令で定める電波の発射を防止するために必要な措置は、次の表のとおりである。（施 42 の４）

無線設備	必要な措置
１　携帯用位置指示無線標識、衛星非常用位置指示無線標識、捜索救助用レーダートランスポンダ、捜索救助用位置指示送信装置、無線設備規則第45条の３の５に規定する無線設備（航海情報記録装置又は簡易型航海情報記録装置を備える衛星非常用位置指示無線標識)、航空機用救命無線機及び航空機用携帯無線機	電池を取り外すこと。
２　固定局、基幹放送局及び地上一般放送局の無線設備	空中線を撤去すること（空中線を撤去することが困難な場合にあっては、送信機、給電線又は電源設備を撤去すること。)。
３　人工衛星局その他の宇宙局（宇宙物体に開設する実験試験局を含む。）の無線設備	当該無線設備に対する遠隔指令の送信ができないよう措置を講じること。
４　特定無線局（電波法第27条の２第１号に掲げる無線局に係るものに限る。）の無線設備	空中線を撤去すること又は当該特定無線局の通信の相手方である無線局の当該通信に係る空中線又は変調部を撤去すること。

5　電波法第４条の２第２項の届出に係る無線設備（2.1⑵イ②参照）	無線設備を回収し、かつ、当該無線設備が電波法第４条の規定に違反して開設されることのないよう管理すること。
6　その他の無線設備	空中線を撤去すること。

⑷　罰則

ア　⑵イの規定に違反して電波の発射を防止するために必要な措置を講じない者は、30万円以下の罰金に処する。（法113㉓）

イ　⑴アの規定に違反して届出をしない者、又は⑵アの規定に違反して免許状を返納しない者は、30万円以下の過料に処する。

（法116④、⑤）

2.4　特定無線局の免許の特例等

2.4.1　特定無線局

特定無線局とは、次の⑴又は⑵のいずれかに掲げる無線局であって、適合表示無線設備のみを使用するものをいう。（法27の2）

⑴　移動する無線局であって、通信の相手方である無線局からの電波を受けることによって自動的に選択される周波数の電波のみを発射するもののうち、総務省令で定める無線局（法27の2①）

この総務省令で定める無線局は、次のとおりである。

（施15の2-1抜粋）

ア　電気通信業務を行うことを目的とする陸上移動局

イ　電気通信業務を行うことを目的とするＶＳＡＴ地球局

ウ　電気通信業務を行うことを目的とする航空機地球局

エ　電気通信業務を行うことを目的とする携帯移動地球局

オ　デジタルＭＣＡ陸上移動通信を行う陸上移動局

カ　高度ＭＣＡ陸上移動通信を行う陸上移動局

キ　防災対策携帯移動衛星通信を行う携帯移動地球局

ク　広帯域移動無線アクセスシステムのうち陸上移動局（電気通信業務を行うことを目的とするものを除く。）

ケ　ローカル５Ｇの無線局のうち陸上移動局（電気通信業務を行うことを目的とするものを除く。）

(2)　電気通信業務を行うことを目的として陸上に開設する移動しない無線局であって、移動する無線局を通信の相手方とするもののうち、無線設備の設置場所、空中線電力等を勘案して総務省令で定める無線局　(法27の2②)

この総務省令で定める無線局は、次のとおりである。(施15の2-2)

ア　広範囲の地域において同一の者により開設される無線局に専ら使用させることを目的として総務大臣が別に告示する周波数の電波のみを使用する基地局（イに掲げるものを除く。）

具体的な例としては、電気通信業務用の基地局（携帯電話用の基地局）がある。

イ　屋内その他他の無線局の運用を阻害するような混信その他の妨害を与えるおそれがない場所に設置する基地局

具体的な例としては、電気通信業務用の基地局のうち屋内に開設される小規模なもの（フェムトセル基地局）がある。

ウ　広範囲の地域において同一の者により開設される無線局に専ら使用させることを目的として総務大臣が別に告示する周波数の電波のみを使用する陸上移動中継局

具体的な例としては、携帯電話等の不感地帯対策用の陸上移動中継局がある。

2.4.2　特定無線局の免許の特例

無線局を開設しようとする場合は、原則として、無線局ごとに免許の申請を行うこととされているが、特例として、特定無線局を２以上開設しようとする者は、その特定無線局が目的、通信の相手方、電波の型式及び周波数並びに無線設備の規格（総務省令で定めるものに限る。）を同じくするものである限りにおいて、個々の無線局について免許の申請をすることなく、複数の特定無線局を包括して対象とする

免許を申請することができる。（法27の2）

2.4.3　特定無線局の免許の申請等及び包括免許の付与

(1)　特定無線局の免許を受けようとする者は、一般の無線局の場合と同様に、総務大臣に対し免許の申請書を提出しなければならない。（法27の3）

(2)　総務大臣は、(1)の申請書を受理して審査した結果、その申請が審査事項に適合していると認めるときは、申請者に対し、次に掲げる事項（2.4.1(2)の特定無線局を包括して対象とする免許にあっては、次に掲げる事項（ウに掲げる事項を除く。）及び無線設備の設置場所とすることができる区域）を指定して、免許を与えなければならない。（法27の5-1）

ア　電波の型式及び周波数

イ　空中線電力

ウ　指定無線局数（同時に開設されている特定無線局の数の上限をいう。）

エ　運用開始の期限（1以上の特定無線局の運用を最初に開始する期限をいう。）

（注）予備免許及び落成後の検査はなく、審査後に免許が付与される。

(3)　総務大臣は、(2)の免許（「包括免許」という。）を与えたときは、次に掲げる事項及び(2)の規定により指定した事項を記載した免許状を交付する。（法27の5-2）

ア　包括免許の年月日及び包括免許の番号

イ　包括免許人（包括免許を受けた者をいう。）の氏名又は名称及び住所

ウ　特定無線局の種別

エ　特定無線局の目的

オ　通信の相手方

カ　包括免許の有効期間

⑷　包括免許の有効期間は、５年と定められている。また、包括免許の有効期間満了後引き続いて、開設を希望する場合は、再免許の申請を行い新たな包括免許を受けなければならない。

（法27の5-3、施7の2）

2.4.4　特定基地局の開設指針

⑴　総務大臣は、陸上に開設する移動しない無線局であって、次のいずれかに掲げる事項を確保するために、同一の者により相当数開設されることが必要であると認められるもののうち、電波の公平かつ能率的な利用を確保するためその円滑な開設を図ることが必要であると認められるもの（「特定基地局」という。）について、特定基地局の開設に関する指針（「開設指針」という。）を定めることができる。

（法27の12-1）

ア　電気通信業務を行うことを目的として陸上に開設する移動する無線局（１又は２以上の都道府県の区域の全部を含む区域をその移動範囲とするものに限る。）の移動範囲における当該電気通信業務のための無線通信

イ　移動受信用地上基幹放送に係る放送対象地域における当該移動受信用地上基幹放送の受信

⑵　既に開設されている電気通信業務用基地局（「既設電気通信業務用基地局」という。）が現に使用している周波数を使用する電気通信業務用基地局を特定基地局として開設する者（当該既設電気通信業務用基地局の免許人を除く。）は、総務省令で定めるところにより、当該特定基地局の開設指針について、所定の事項（省略）を記載した書類を添付して、これを制定すべきことを総務大臣に申し出ることができる。ただし、電波法第５条第３項各号のいずれかに該当する者その他総務省令で定める者については、この限りでない。

（法27の13-1）

2.4.5 特定基地局の開設計画の認定

(1) 特定基地局を開設しようとする者は、通信系（通信の相手方を同じくする同一の者によって開設される特定基地局の総体をいう。）又は放送系（放送法第91条第2項第3号に規定する放送系をいう。）ごとに、特定基地局の開設に関する計画（「開設計画」という。）を作成し、これを次に掲げる事項（電気通信業務を行うことを目的とする特定基地局を開設しようとする者にあっては、イに掲げる事項を除く。）を記載した申請書に添え、総務大臣に提出して、その開設計画が適当である旨の認定を受けることができる。（法27の14－1）

ア 氏名又は名称及び住所

イ 法人又は団体にあっては、次に掲げる事項

① 代表者の氏名又は名称及び電波法第5条第1項第1号から第3号までに掲げる者により占められる役員の割合

② 外国人等直接保有議決権割合

ウ その他総務省令で定める事項

(2) 総務大臣は、(1)の認定の申請を審査した結果、その申請が審査事項のいずれにも適合していると認めるときは、開設指針に定める評価の基準に従って評価を行うものとする。（法27の14－5）

(3) 総務大臣は、(2)の評価に従い、電波の公平かつ能率的な利用を確保する上で最も適切であると認められる申請に係る開設計画について、周波数を指定して、開設計画の認定をするものとする。

（法27の14－6）

2.5 無線局の登録制度

無線局を開設しようとする者は、総務大臣の免許を受けなければならないが、登録を受けて開設する無線局（「登録局」という。）は、無線局の免許を要しないとされている。登録の対象となる無線局を総務省令で定める区域内に開設しようとする者は、総務大臣の登録を受けなければならない。（法4、27の21－1）

（参考）登録について

登録とは、一般に一定の法律事実又は法律関係を行政庁等に備える特定の帳簿に記載することをいう。

登録は、これらの事実又は関係の存否を公に表示し、又はこれを証明する公証行為であって、登録の受理又は拒否について行政庁の自由裁量の余地のないようにすることが原則である。しかし、制度上登録に際し、何らかの法律上の効果を附着させるようになると、その実態はむしろ許可に近くなる場合がある。（電波法要説）

2.5.1　登録の対象とする無線局

登録の対象とする無線局は、電波を発射しようとする場合において当該電波と周波数を同じくする電波を受信することにより一定の時間自己の電波を発射しないことを確保する機能を有する無線局その他無線設備の規格（総務省令で定めるものに限る。）を同じくする他の無線局の運用を阻害するような混信その他の妨害を与えないように運用することのできる無線局のうち総務省令で定めるものであって、適合表示無線設備のみを使用するものを総務省令で定める区域内に開設するものをいう。（法27の21－1）

総務省令で定める無線局は、次のとおりである。（施16抜粋）

(1)　PHSの基地局で空中線電力が１ワット以下のもの

(2)　PHSの陸上移動局で空中線電力が10ミリワット以下のもの

(3)　構内無線局で916.7MHz以上、920.9MHz以下の周波数の電波を使用するもの

(4)　構内無線局で周波数ホッピング方式の2,450MHz帯の周波数の電波を使用するもの

(5)　５GHz帯無線アクセスシステムの基地局、陸上移動中継局及び陸上移動局

2.5.2　登録の方法等

(1)　登録を受けようとする者は、総務省令で定めるところにより、次に掲げる事項を記載した申請書を総務大臣に提出しなければならな

い。（法 27 の 21－2）

ア　氏名又は名称及び住所並びに法人にあっては、その代表者の氏名

イ　開設しようとする無線局の無線設備の規格

ウ　無線設備の設置場所

エ　周波数及び空中線電力

(2)　登録の有効期間は、5年と定められている。また、登録の有効期間満了後引き続いて登録を希望する場合は、再登録の申請を行い登録を受けなければならない。（法 27 の 24、施7の3）

(3)　総務大臣は、登録をしたときは登録状を交付する。（法 27 の 25－1）

(4)　登録人（無線局の登録を受けた者をいう。）は、登録の申請書に記載した事項を変更しようとするときは、総務大臣の変更登録を受けなければならない。ただし、総務省令で定める軽微な変更については、この限りでない。（法 27 の 26－1）

(5)　登録人は、登録状に記載した事項に変更を生じたときは、その登録状を総務大臣に提出し、訂正を受けなければならない。（法27の28）

(6)　登録人は、登録局を廃止したときは、遅滞なく、その旨を総務大臣に届け出なければならない。（法 27 の 29）

2.6　登録検査等事業者制度

登録検査等事業者制度は、無線局の検査に民間能力を活用するため、無線局の落成後の検査、変更検査及び定期検査（電波法第 73 条の検査）において、総務大臣の登録を受けた者（注）が行った無線設備等の検査又は点検の結果を活用することによって、検査の全部又は一部を省略することとする制度である。

（注）総務大臣の登録を受けた者は、次の(1)又は(2)に掲げるものである。

(1)　電波法第 24 条の 2 第 1 項の登録を受けた者（「登録検査等事業者」という。）（法 24 の 3）

(2)　電波法第 24 条の 13 第 1 項の登録を受けた者（「登録外国点検事業者」という。）（法 24 の 13-2）

なお、登録検査等事業者及び登録外国点検事業者を「登録検査等事業者等」という。　（登１）

(1)　登録検査等事業者の登録

ア　無線設備等の検査又は点検の事業を行う者は、総務大臣の登録を受けることができる。　（法 24 の２－１）

イ　アの登録を受けようとする者は、総務省令で定めるところにより、次に掲げる事項を記載した申請書を総務大臣に提出しなければならない。　（法 24 の２－２）

①　氏名又は名称及び住所並びに法人にあっては、その代表者の氏名

②　事務所の名称及び所在地

③　点検に用いる測定器その他の設備の概要

④　無線設備等の点検の事業のみを行う者にあっては、その旨

ウ　イの申請書には、業務の実施の方法を定める書類その他総務省令で定める書類を添付しなければならない。　（法 24 の２－３）

エ　総務大臣は、アの登録を申請した者が次の各号（無線設備等の点検の事業のみを行う者にあっては、①、②及び④）のいずれにも適合しているときは、その登録をしなければならない。

（法 24 の２－4）

①　電波法別表第１（省略）に掲げる条件のいずれかに適合する知識経験を有する者が無線設備等の点検を行うものであること。

②　電波法別表第２（省略）に掲げる測定器その他の設備であって、次のいずれかに掲げる較正等を受けたもの（その較正等を受けた日の属する月の翌月の１日から起算して１年（無線設備の点検を行うのに優れた性能を有する測定器その他の設備として総務省令で定める測定器その他の設備に該当するものにあっては、当該測定器その他の設備の区分に応じ、１年を超え３年を超えない範囲内で総務省令で定める期間）以内のものに限る。）を使用して無線設備の点検を行うものであること。

(ア) 国立研究開発法人情報通信研究機構又は電波法に定める指定較正機関が行う較正

(イ) 計量法の規定に基づく校正

(ウ) 外国において行う較正であって、(ア)の国立研究開発法人情報通信研究機構又は指定較正機関が行う較正に相当するもの

(エ) 電波法別表第３（省略）の下欄に掲げる測定器その他の設備であって、(ア)から(ウ)までのいずれかに掲げる較正等を受けたものを用いて行う較正等

③ 電波法別表第４（省略）に掲げる条件のいずれかに適合する知識経験を有する者が無線設備等の検査（点検である部分を除く。）を行うものであること。

④ 無線設備等の検査又は点検を適正に行うのに必要な業務の実施の方法（無線設備等の点検の事業のみを行う者にあっては、無線設備等の点検を適正に行うのに必要な業務の実施の方法に限る。）が定められているものであること。

(2) 登録の更新

(1)アの登録（無線設備等の点検の事業のみを行う者についてのものを除く。）は、５年ごとにその更新を受けなければ、その期間の経過によって、その効力を失う。　（法24の２の２－１、令１）

(3) 登録証

ア 総務大臣は、(1)アの登録又はその更新をしたときは、登録証を交付する。　（法24の４－１）

イ 登録証には、次に掲げる事項を記載しなければならない。

（法24の４－２）

① 登録又はその更新の年月日及び登録番号

② 氏名又は名称及び住所

③ 無線設備等の点検の事業のみを行う者にあっては、その旨

(4) 登録外国点検事業者の登録等

ア 外国において無線設備等の点検の事業を行う者は、総務大臣の

登録を受けることができる。　（法 24 の 13 - 1）

イ　(1)イからエまで及び(3)の規定は、一部を除き、アの登録に準用する。　（法 24 の 13 - 2）

2.7　無線局に関する情報の公表等

電波を有効に利用するために、総務大臣は、無線局の免許又は登録をした無線局の情報の公表、無線局に関する事項に関する情報の提供、周波数割当計画の公表及び電波の利用状況の調査等を行うこととしている。

(1)　無線局に関する情報の公表

総務大臣は、無線局の免許又は登録（「免許等」という。）をしたときは、総務省令で定める無線局を除き、その無線局の免許状に記載された事項等のうち総務省令で定めるものをインターネットの利用その他の方法により公表する。　（法 25 - 1）

(2)　無線局に関する事項に関する情報の提供

ア　(1)の規定により公表する事項のほか、総務大臣は、自己の無線局の開設又は周波数の変更をする場合その他総務省令で定める場合に必要とされる混信若しくはふくそうに関する調査又は特定基地局の開設指針に関する電波法第 27 条の 12 第３項第７号に規定する終了促進措置を行おうとする者の求めに応じ、当該調査又は当該終了促進措置を行うために必要な限度において、当該者に対し、無線局の無線設備の工事設計その他の無線局に関する事項に係る情報であって総務省令で定めるものを提供することができる。　（法 25 - 2）

イ　アの規定に基づき情報の提供を受けた者は、当該情報をアの調査又は終了促進措置の用に供する目的以外の目的のために利用し、又は提供してはならない。　（法 25 - 3）

⑶　周波数割当計画

ア　総務大臣は、免許の申請等に資するため、割り当てることが可能である周波数の表（「周波数割当計画」という。）を作成し、これを公衆の閲覧に供するとともに、公示しなければならない。これを変更したときも、同様とする。（法 26 − 1）

イ　周波数割当計画には、割当てを受けることができる無線局の範囲を明らかにするため、割り当てることが可能である周波数ごとに、次に掲げる事項を記載するものとする。（法 26 − 2）

①　無線局の行う無線通信の態様

②　無線局の目的

③　周波数の使用の期限その他の周波数の使用に関する条件

④　特定基地局の開設認定において指定された周波数であるときは、その旨

⑤　放送をする無線局に係る周波数にあっては、次に掲げる周波数の区分の別

㋐　放送をする無線局に専ら又は優先的に割り当てる周波数

㋑　㋐に掲げる周波数以外のもの

2.8　電波の利用状況の調査

⑴　総務大臣は、周波数割当計画の作成又は変更その他電波の有効利用に資する施策を総合的かつ計画的に推進するため、調査区分（省略）ごとに、総務省令で定めるところにより、無線局の数、無線局の行う無線通信の通信量、無線局の無線設備の使用の態様その他の電波の利用状況を把握するために必要な事項として総務省令で定める事項の調査（「利用状況調査」という。）を行うものとする。

（法 26 の 2 − 1）

⑵　総務大臣は、利用状況調査を行ったときは、遅滞なく、その結果を電波監理審議会に報告するとともに、総務省令で定めるところにより、その結果の概要を公表するものとする。（法 26 の 2 − 2）

(3)　総務大臣は、利用状況調査を行うため必要な限度において、免許人等に対し、必要な事項について報告を求めることができる。

（法26の2-3）

(4)　電波監理審議会は、(2)の規定により利用状況調査の結果の報告を受けたときは、当該結果に基づき、調査区分ごとに、電波に関する技術の発達及び需要の動向、周波数割当てに関する国際的動向その他の事情を勘案して、次に掲げる事項について電波の有効利用の程度の評価（「有効利用評価」という。）を行うものとする。

（法26の3-1）

ア　無線局の数

イ　無線局の行う無線通信の通信量

ウ　無線局の無線設備に係る電波の能率的な利用を確保するための技術の導入に関する状況

エ　その他総務省令で定める事項

［演習問題］　解答：281 ページ

2－1　次の記述は、無線局の免許の欠格事由について述べたものである。電波法（第5条）の規定に照らし、［　　］内に適切な字句を記入せよ。

次の各号のいずれかに該当する者には、無線局の免許を与えないことができる。

(1)［①］に規定する罪を犯し［②］の刑に処せられ、その執行を終わり、又はその執行を受けることがなくなった日から2年を経過しない者

(2) 電波法の規定により無線局の免許の取消しを受け、その取消しの日から［③］を経過しない者

2－2　次の事項のうち、無線局の予備免許において指定される事項に該当しないものはどれか。

①　工事落成の期限　②　電波の型式及び周波数　③　識別信号
④　空中線電力　⑤　運用義務時間

2－3　次の記述は、無線局の落成後の検査について述べたものである。電波法（第10条）の規定に照らし、［　　］内に適切な字句を記入せよ。

(1) 予備免許を受けた者は、工事が落成したときは、その旨を総務大臣に届け出て、その無線設備、無線従事者の［①］並びに時計及び書類（「無線設備等」という。）について検査を受けなければならない。

(2) (1)の検査は、検査を受けようとする者が、検査を受けようとする無線設備等について登録検査等事業者又は登録外国点検事業者が総務省令で定めるところにより行った登録に係る［②］の結果を記載した書類を添えて(1)の届出をした場合においては、［③］することができる。

2－4　次の記述は、無線局の免許の有効期間及び再免許について述べたものである。電波法（第13条）、電波法施行規則（第7条）及び無線局免許手続規則（第18条）の規定に照らし、［　　］内に適切な字句を記入せよ。

(1) 免許の有効期間は、免許の日から起算して［①］を超えない範囲内において総務省令で定める。ただし、再免許を妨げない。

(2) 船舶安全法第4条の船舶の船舶局（義務船舶局）及び航空法第60条の規定により無線設備を設置しなければならない航空機の航

空機局（義務航空機局）の免許の有効期間は、［②］とする。

(3)　地上基幹放送局（臨時目的放送を専ら行うものを除く。）及び固定局の免許の有効期間は、［③］とする。

(4)　(3)の無線局の再免許の申請は、免許の有効期間満了前［④］を超えない期間において行わなければならない。

２－５　次の記述は、固定局並びに海上移動業務の無線局及び陸上移動業務の無線局の免許後の変更について述べたものである。電波法（第17条から第19条まで）の規定に照らし、［　］内に適切な字句を記入せよ。

(1)　免許人は、無線局の目的、通信の相手方、通信事項若しくは無線設備の設置場所を変更し、又は無線設備の変更の工事をしようとするときは、［①］なければならない（注）。ただし、無線設備の変更の工事であって総務省令で定める軽微な事項のものについては、この限りでない。

注　基幹放送局以外の無線局が基幹放送をすることを内容とする無線局の目的の変更は、これを行うことができない。

(2)　(1)の無線設備の変更の工事は、［②］に変更を来すものであってはならず、かつ、電波法第７条（申請の審査）第１項第１号の技術基準（第３章に定めるものに限る。）に合致するものでなければならない。

(3)　(1)の規定により無線設備の設置場所の変更又は無線設備の変更の工事の許可を受けた免許人は、総務大臣の検査を受け、当該変更又は工事の結果が(1)の許可の内容に適合していると認められた後でなければ、［③］を運用してはならない。ただし、総務省令で定める場合は、この限りではない。

(4)　総務大臣は、無線局の免許人が識別信号、電波の型式、周波数、空中線電力又は運用許容時間の指定の変更を申請した場合において、混信の除去その他特に必要があると認めるときは、その指定を［④］。

第３章
無 線 設 備

3.1　無線設備の機能上の分類

無線設備とは、無線電信、無線電話その他電波を送り、又は受けるための電気的設備をいう（法２④）。また、無線設備は、無線設備の操作を行う者とともに無線局を構成する物的要素である。無線設備を電波の送信、受信の機能によって分類すると次のようになる。

- 無 線 設 備
  - 送信設備
    - 送信装置
    - 送信空中線系
  - 受信設備
    - 受信装置
    - 受信空中線系
  - 付帯設備

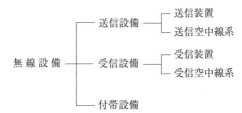

無線局の無線設備の良否は、電波の能率的な利用に大きな影響を及ぼすものである。そこで電波法令では、無線設備に対して詳細な技術基準を設けている。

3.2　無線設備の通則的条件

3.2.1　電波の型式の表示

電波の型式とは、発射される電波がどのような変調方法によって、どのような内容の情報を有しているかなどを記号で表示することであり、主搬送波の変調の型式、主搬送波を変調する信号の性質及び伝送情報の型式に分類し、それぞれについて記号で表示してそれらを組み合わせたものをいう。　（施４の２－１）

(1)　主搬送波の変調の型式	記号
ア　無変調	N
イ　振幅変調	

①　両側波帯	A
②　全搬送波による単側波帯	H
③　低減搬送波による単側波帯	R
④　抑圧搬送波による単側波帯	J
⑤　独立側波帯	B
⑥　残留側波帯	C
ウ　角度変調	
①　周波数変調	F
②　位相変調	G
エ　同時に、又は一定の順序で振幅変調及び角度変調を行うもの	D
オ　パルス変調	
①　無変調パルス列	P
②　変調パルス列	
(ア)　振幅変調	K
(イ)　幅変調又は時間変調	L
(ウ)　位置変調又は位相変調	M
(エ)　パルスの期間中に搬送波を角度変調するもの	Q
(オ)　(ア)から(エ)までの各変調の組合せ又は他の方法によって変調するもの	V
カ　アからオまでに該当しないものであって、同時に、又は一定の順序で振幅変調、角度変調又はパルス変調のうちの２以上を組み合わせて行うもの	W
キ　その他のもの	X
(2)　主搬送波を変調する信号の性質	記号
ア　変調信号のないもの	0
イ　デジタル信号である単一チャネルのもの	
①　変調のための副搬送波を使用しないもの	1
②　変調のための副搬送波を使用するもの	2

ウ　アナログ信号である単一チャネルのもの　3
エ　デジタル信号である２以上のチャネルのもの　7
オ　アナログ信号である２以上のチャネルのもの　8
カ　デジタル信号の１又は２以上のチャネルとアナログ信号の１又は２以上のチャネルを複合したもの　9
キ　その他のもの　X

(3)　伝送情報の型式　記号

ア　無情報　N
イ　電信
　①　聴覚受信を目的とするもの　A
　②　自動受信を目的とするもの　B
ウ　ファクシミリ　C
エ　データ伝送、遠隔測定又は遠隔指令　D
オ　電話（音響の放送を含む。）　E
カ　テレビジョン（映像に限る。）　F
キ　アからカまでの型式の組合せのもの　W
ク　その他のもの　X

(4)　電波の型式の表記方法

ア　電波の型式は、上記１に規定する主搬送波の変調の型式、主搬送波を変調する信号の性質及び伝送情報の型式を１に規定する記号をもって、かつ、その順序に従って表記する。

（施４の２-２）

例えば、「Ａ３Ｅ電波」は、両側波帯の振幅変調波であって、単一のアナログ信号で変調され、伝送される情報は電話（音響の放送を含む。）であることを示す。

電波の型式の記号からその電波の特性の概要を知ることができる。（章末付表参照）

イ　電波の型式の例

電波の用途	電波の型式	変調等の概要
中波放送（AMラジオ）	A３E	両側波帯振幅変調
中波放送（ステレオホニック放送）	D８E	振幅変調及び角度変調
中短波、短波帯の電話	J３E	単側波帯振幅変調で抑圧搬送波
ファクシミリ	F２C	デジタル周波数変調（副搬送波使用）
データ伝送	F１D	デジタル周波数変調（副搬送波なし）
超短波放送（FMラジオ）	F３E	アナログ周波数変調
衛星非常用位置指示無線標識	G１B	デジタル位相変調
船舶・航空機の無線航行用レーダー	P０N	無変調パルス列
航空機衝突防止装置（ACAS）	V１D	パルス複合変調
地上デジタル放送テレビジョン放送	X７W	複合デジタル信号によるその他の変調
多重無線	G７W	位相変調で各種のデジタル信号の組合せ

3.2.2　周波数の表示

電波法で規定する電波は、周波数が300万メガヘルツ（3×10^{12}ヘルツ）以下の電磁波であり、周波数とは、周期的現象が１秒間に繰り返される回数をいい、その単位は、ヘルツ（記号：Hz）である。

電波の周波数は、次の単位を使用して表示される。

「kHz」とは、キロ（10^3）ヘルツをいう。

「MHz」とは、メガ（10^6）ヘルツをいう。

「GHz」とは、ギガ（10^9）ヘルツをいう。

「THz」とは、テラ（10^{12}）ヘルツをいう。　（施２-１㉜～㉟）

(1)　電波の周波数は、次のように表示する。ただし、周波数の使用上特に必要がある場合は、この表示方法によらないことができる。

（施４の３-１）

3,000kHz以下のもの　「kHz」(キロヘルツ)
3,000kHzを超え3,000MHz以下のもの　「MHz」(メガヘルツ)
3,000MHzを超え3,000GHz以下のもの　「GHz」(ギガヘルツ)

(2)　電波のスペクトル（電波を周波数の高低に従って順次に配列したもの）は、その周波数の範囲に応じ、次の表に掲げるように9の周波数帯に区分されている。　(施4の3-2)

周波数帯の周波数の範囲	周波数帯の番号	周波数帯の略称	メートルによる区分	波長（参考）
3kHzを超え30kHz以下	4	VLF	ミリアメートル波	10km以上
30kHzを超え300kHz以下	5	LF	キロメートル波	10km～1km
300kHzを超え3,000kHz以下	6	MF	ヘクトメートル波	1km～100m
3MHzを超え30MHz以下	7	HF	デカメートル波	100m～10m
30MHzを超え300MHz以下	8	VHF	メートル波	10m～1m
300MHzを超え3,000MHz以下	9	UHF	デシメートル波	1m～10cm
3GHzを超え30GHz以下	10	SHF	センチメートル波	10cm～1cm
30GHzを超え300GHz以下	11	EHF	ミリメートル波	1cm～1mm
300GHzを超え3,000GHz（又は3THz）以下	12		デシミリメートル波	1mm～0.1mm

(3)　放送業務、海上移動業務、航空移動業務又は海上無線航行業務においてH2A電波、H2B電波、H2D電波、H3E電波、J2C電波、J2D電波（航空移動（R）業務に限る。）、J3C電波、J3E電波又はR3E電波を使用する場合は、その搬送周波数をもって当該電波を示す周波数とする。　(施4の3の2-1)

3.2.3　空中線電力の表示

空中線電力は、総務大臣の指定事項の一つとして無線局の免許状に記載されるものである。　(法14-2)

この空中線電力の指定については、放送局、無線標識局及び電気通信業務用の無線呼出局などには一定のサービスエリアを確保するために送信に際して使用しなければならない単一の値が指定され、その他の無線局には、送信に際して使用できる最大の値が指定されている。

(免10の3)

(1)　空中線電力の定義

空中線電力とは、尖頭電力、平均電力、搬送波電力又は規格電力をいう。なお、空中線電力の定義で使用されている尖頭電力の定義は1.7(1)55、平均電力の定義は1.7(1)56、搬送波電力の定義は1.7(1)57、規格電力の定義は1.7(1)58のとおりである。（施2－1 68～72）

(2)　空中線電力の換算比

送信装置の搬送波電力、平均電力及び尖頭電力のそれぞれの換算比は、電波の型式に応じ、無線設備規則別表第４号に定めるとおりである。（設12）

空中線電力の換算比の表　（設別表４抜粋）

電波の型式	変調の特性	換算比			備考
		搬送波電力 pZ	平均電力 pY	尖頭電力 pX	
A1A			0.5	1	
A3E		1	1	4	
J3E			0.16	1	
P0N			1	1／d	

（注）dは衝撃係数（パルス幅とパルス周期との比をいう。）を表す。

(3)　空中線電力の表示

空中線電力は、電波の型式のうち主搬送波の変調の型式及び主搬送波を変調する信号の性質が次表の左欄に掲げる記号で表される電波を使用する送信設備について、それぞれ同表の右欄に掲げる電力をもって表示する。（施４の４－１）

記号		空中線電力
主搬送波の変調の型式	主搬送波を変調する信号の性質	
A	1	尖頭電力（pX）
	3	地上基幹放送局の設備にあっては搬送波電力（pZ）
C	3	(1)　地上基幹放送局の設備にあっては尖頭電力（pX） (2)　地上基幹放送局以外の無線局の設備にあっては平均電力（pY）

D		(1)　インマルサット船舶地球局のインマルサットF型、インマルサット携帯移動地球局のインマルサットF型など（省略）の無線設備にあっては平均電力（pY） (2)　その他のもの にあっては搬送波電力（pZ）
F		平均電力（pY）
G		平均電力（pY）
J		尖頭電力（pX）
P		尖頭電力（pX）

（施4の4－1の表抜粋）

(4)　次に掲げる送信設備の空中線電力は、(3)の規定にかかわらず、平均電力（pY）をもって表示する。　（施4の4－2抜粋）

ア　デジタル放送（F7W電波及びG7W電波を使用するものを除く。）を行う地上基幹放送局及び地上一般放送局並びに番組素材中継を行う無線局及び放送番組中継を行う固定局（いずれもG7W電波を使用するものを除く。）の送信設備

イ　電気通信業務用の携帯無線通信を行う無線局の送信設備

ウ　電気通信業務用の広帯域移動無線アクセスシステムの無線局の送信設備

(5)　次に掲げる送信設備の空中線電力は、(3)及び(4)の規定にかかわらず、規格電力（pR）をもって表示する。　（施4の4－3）

ア　500MHz以下の周波数の電波を使用する送信設備であって、1ワット以下の出力規格の真空管を使用するもの（遭難自動通報設備、航海情報記録装置又は簡易型航海情報記録装置を備える衛星位置指示無線標識及びラジオ・ブイの送信設備並びに航空移動業務又は航空無線航行業務の局の送信設備を除く。）

イ　実験試験局の送信設備

ウ　ア及びイに掲げるもののほか、尖頭電力、平均電力又は搬送波電力を測定することが困難であるか又は必要がない送信設備

3.2.4　空中線電力の許容偏差

電波を発射する場合、空中線電力を指定された空中線電力と一致す

るように保つことは困難であるため、一定の偏差（ずれ）が許容される。その許容偏差は、総務省令（無線設備規則）において、無線局の送信設備別に、上限及び下限が規定されている。

(1) 空中線電力の許容偏差は、次の表の左欄に掲げる送信設備の区別に従い、それぞれ同表の右欄に掲げるとおりとする。（設14－1）

送信設備	許容偏差	
	上限(%)	下限(%)
① 地上基幹放送局の送信設備（②の項に掲げるものを除く。）	5	10
② 短波放送、超短波放送、テレビジョン放送、マルチメディア放送又は超短波多重放送を行う地上基幹放送局の送信設備（例外あり）	10	20
③ 海岸局（③の2の項に掲げるものを除く。）、航空局又は船舶のための無線標識局の送信設備で26.175MHz以下の周波数の電波を使用するもの	10	20
③の2 次に掲げる送信設備 (ア) 船舶自動識別装置 (イ) 簡易型船舶自動識別装置 (ウ) VHFデータ交換装置	40	30
④ 次に掲げる送信設備 (ア) 生存艇（救命艇及び救命いかだをいう。）又は救命浮機の送信設備 (イ) 双方向無線電話 (ウ) 船舶航空機間双方向無線電話	50	20
⑤ 無線呼出局（電気通信業務用のものに限る。）の送信設備	15	15
⑥ 次に掲げる送信設備（抜粋） (ア) 200MHz帯広帯域移動無線通信を行う無線局の送信設備（記述略） (イ) 470MHzを超える周波数の電波を使用する無線局の送信設備（一部のものを除く。）	50	50
⑦ 次に掲げる送信設備（抜粋） (ア) 916.7MHz以上920.9MHz以下の周波数の電波を使用する構内無線局の送信設備 (イ) 915.9MHz以上929.7MHz以下の周波数の電波を使用する特定小電力無線局の送信設備 (ウ) 2,400MHz以上2,483.5MHz以下の周波数の電波を使用する特定小電力無線局の送信設備であって周波数ホッピング方式を用いるもの (エ) 小電力データ通信システムの無線局の送信設備（5,470MHzを超え5,730MHz以下及び57GHzを超え66GHz以下の周波数の電波を使用するものを除く。） (オ) 5GHz帯無線アクセスシステムの無線局の送信設備	20	80

⑧　次に掲げる送信設備 (ア)　アマチュア局の送信設備 (イ)　142.93MHzを超え142.99MHz以下等の周波数の電波を使用する特定小電力無線局の送信設備 (ウ)　超広帯域無線システムの無線局の送信設備	20	
⑨　次に掲げる送信設備 (ア)　ミリ波レーダー用の特定小電力無線局の送信設備 (イ)　57GHzを超え66GHz以下の周波数の電波を使用する小電力データ通信システムの無線局等の送信設備	50	70
⑩　携帯無線通信の中継を行う無線局の送信設備	（省略）	（省略）
⑪～⑱　各種方式（記載省略）の携帯無線通信を行う無線局等の送信設備（省略）	（省略）	（省略）
⑲　次に掲げる送信設備 (ア)　道路交通情報通信を行う無線局の送信設備 (イ)　狭域通信システムの基地局の送信設備 (ウ)　狭域通信システムの陸上移動局の試験用無線局の送信設備 (エ)　700MHz帯高度道路交通システムの基地局の送信設備	20	50
⑳　その他の送信設備	20	50

（設14－1の表抜粋）

(2)　テレビジョン放送を行う地上基幹放送局の送信設備のうち、470MHzを超え710MHz以下の周波数の電波を使用するものであって、(1)の規定を適用することが困難又は不合理であるため総務大臣が別に告示するものは、(1)の規定にかかわらず、別に告示する技術的条件に適合するものでなければならない。　（設14－2）

(3)　インマルサット船舶地球局等の無線設備、衛星非常用位置指示無線標識、捜索救助用レーダートランスポンダ、捜索救助用位置指示送信装置等及び航空機用救命無線機の送信設備の空中線電力の許容偏差は、(1)の規定にかかわらず、総務大臣が別に告示する。

（設14－3）

3.3　電波の質

電波法においては、「送信設備に使用する電波の周波数の偏差及び幅、高調波の強度等電波の質は、総務省令で定めるところに適合する

ものでなければならない。」と規定している。（法28）

電波の質が規定値を満足しない場合は、無線局の業務の円滑な遂行に支障をきたすことがあるばかりでなく、他の無線局に混信その他の妨害を与えるおそれがある。

電波の公平かつ能率的な利用を確保するため、各無線局は、法令の要件を満足する電波を発射することが求められる。

3.3.1 周波数の偏差

無線局に指定された電波の周波数と送信設備から発射される電波の周波数は、一致することが望ましいが、常に完全に一致させることは技術的に困難である。

このため、空中線から発射される電波の周波数について、一定限度の偏差、すなわちある程度までのずれを認め、この偏差の範囲内のものであれば技術基準を満足するとしている。これが周波数の許容偏差である。（施２）

⑴ 周波数の許容偏差の定義

周波数の許容偏差とは、発射によって占有する周波数帯の中央の周波数の割当周波数からの許容することができる最大の偏差又は発射の特性周波数の基準周波数からの許容することができる最大の偏差をいい、百分率又はヘルツで表す。なお、許容偏差の定義で使用されている割当周波数の定義は1.7⑴㊳、特性周波数の定義は1.7⑴㊴、基準周波数の定義は1.7⑴㊵のとおりである。（施２-１㊻～㊾）

割当周波数に対応した占有する周波数帯の中央の周波数の測定が困難な場合は、特性周波数を測定することにより、それと基準周波数との差から周波数の偏差を求めることができる。

⑵ 周波数の許容偏差の値

送信設備に使用する電波の周波数の許容偏差は、無線設備規則別表第１号に定めるとおりである。（設５）

周波数の許容偏差の表　　　　（設別表１抜粋）

周　波　数　帯	無　　線　　局	周波数の許容偏差（注１）
9kHzを超え 526.5kHz以下	陸上局 無線測位局	100 100
526.5kHzを超え 1,606.5kHz以下	地上基幹放送局	10Hz
1,606.5kHzを超え 4,000kHz以下	地上基幹放送局（注２）	10Hz
4MHzを超え 29.7MHz以下	地上基幹放送局（注２）	10Hz
29.7MHzを超え 100MHz以下	地上基幹放送局 (1)　移動受信用地上基幹放送を行う地上基幹放送局（注２） (2)　その他の地上基幹放送局	 1Hz 20
100MHzを超え 470MHz以下	固定局（注２） (1)　335.4MHzを超え470MHz以下のもの（注２） ア　１W以下のもの イ　１Wを超えるもの (2)　その他の周波数のもの ア　１W以下のもの イ　１Wを超えるもの 陸上局（海岸局、航空局及び無線呼出局を除く。）（注２） ア　100MHzを超え142MHz以下のもの及び162.0375MHzを超え235MHz以下のもの（注２） イ　142MHzを超え162.0375MHz以下のもの ①　１W以下のもの ②　１Wを超えるもの ウ　235MHzを超え335.4MHz以下のもの エ　335.4MHzを超え470MHz以下のもの（注２） ①　１W以下のもの ②　１Wを超えるもの 地上基幹放送局（注２） (1)　超短波放送のうちデジタル放送又は移動受信用地上基幹放送を行う地上基幹放送局 (2)　その他の地上基幹放送局	 4 3 15 10 15 15 10 7 4 3 1Hz 500Hz
470MHzを超え 2,450MHz以下	陸上局及び移動局（注２） (1)　810MHzを超え960MHz以下のもの (2)　その他の周波数のもの 地上基幹放送局（注２） 地上一般放送局（注２） 地球局及び宇宙局（注２）	 1.5 20 1Hz 1Hz 20

2,450MHzを超え 10,500MHz 以下	固定局（注２） (1)　100W以下のもの (2)　100Wを超えるもの 地球局及び宇宙局（注２）	 200 50 50
10.5GHzを超え 134GHz以下	地球局及び宇宙局（注２）	100

（注１）Hz を付したものを除き百万分率（$\times 10^{-6}$）
（注２）例外規定あり

3.3.2　占有周波数帯幅

電波を利用して情報を送るためにはその情報を搬送波に乗せること（変調）が必要であり、変調を行うとその情報が搬送波の上下の側波帯となって伝送されるので、それらの側波帯を含む一定の周波数の幅が必要となる。

周波数を能率的に使用し、かつ、他の無線局に混信等の妨害を与えないようにするためには、この周波数の幅を必要最小限に止めることが必要である。

(1)　定義

占有周波数帯幅の定義は1.7(1)㊸のとおりである。なお、占有周波数帯幅の定義で使用されている必要周波数帯幅の定義は1.7(1)㊹のとおりである。（施２－１㉛、㉜）

(2)　占有周波数帯幅の許容値

発射電波に許容される占有周波数帯幅の値は、無線設備規則別表第２号に定めるとおりである。（設６）

占有周波数帯幅の許容値　　（設別表２抜粋）

電波の型式	占有周波数帯幅の許容値	備　　考
A３E	5.6kHz	周波数間隔が8.33kHzの周波数の電波を使用する航空局及び航空機局の無線設備
	8kHz	放送番組の伝送を内容とする国際電気通信業務の通信を行う無線局の無線設備
	15kHz	地上基幹放送局及び放送中継を行う無線局の無線設備
	6kHz	その他の無線局の無線設備（航空機用救命無線機を除く。）

D７W	34.5MHz	11.7GHzを超え12.2GHz以下の周波数の電波を使用する衛星基幹放送局及び12.2GHzを超え12.75GHz以下の周波数の電波を使用する広帯域衛星基幹放送局又は高度広帯域衛星基幹放送局の無線設備
D８E	15kHz	地上基幹放送局及び放送中継を行う無線局の無線設備
F１B F１D	0.5kHz	1　船舶局及び海岸局の無線設備であって、デジタル選択呼出し、狭帯域直接印刷電信、印刷電信又はデータ伝送に使用するもの 2　ラジオ・ブイの無線設備
	（その他省略）	
F３E	8.5kHz	1　335.4MHzを超え470MHz以下の周波数の電波を使用する無線局（放送中継を行うものを除く。）の無線設備（450MHzを超え467.58MHz以下の周波数の電波を使用する船上通信設備を除く。） 2　810MHzを超え960MHz以下の周波数の電波を使用する無線局の無線設備
	16kHz	1　54MHzを超え70MHz以下の周波数の電波を使用する無線局（放送中継を行うものを除く。）の無線設備 2　142MHzを超え162.0375MHz以下の周波数の電波を使用する無線局の無線設備 3　450MHzを超え467.58MHz以下の周波数の電波を使用する船上通信設備 4及び5　（省略）
	200kHz	地上基幹放送局及び54MHzを超え585MHz以下の周波数の電波を使用して放送中継を行う固定局の無線設備
	（その他省略）	
F９W	200kHz	地上基幹放送局の無線設備
G７W	27MHz	狭帯域衛星基幹放送局及び高度狭帯域衛星基幹放送局の無線設備
	34.5MHz	11.7GHzを超え12.2GHz以下の周波数の電波を使用する衛星基幹放送局及び12.2GHzを超え12.75GHz以下の周波数の電波を使用する広帯域衛星基幹放送局又は高度広帯域衛星基幹放送局の無線設備
J３E	7.5kHz	放送中継を行う固定局の無線設備
	3kHz	前項に該当しない無線局の無線設備
X７W	5.7MHz	地上基幹放送局の無線設備

3.3.3　スプリアス発射又は不要発射の強度

送信機で作られ空中線から発射される電波には、搬送波（無変調）のみの発射又は所要の情報を送るために変調された電波の発射のほかに、不必要な高調波発射、低調波発射、寄生発射等の不要発射が同時に発射される。

この不要発射は、他の無線局の電波に混信等の妨害を与えることとなるので、一定のレベル以下に抑えることが必要である。

⑴　不要発射等の定義

不要発射とは、スプリアス発射及び帯域外発射をいう。なお、不要発射の定義で使用されているスプリアス発射の定義は1.7⑴㊺、帯域外発射の定義は1.7⑴㊻のとおりである。また、スプリアス領域の定義は1.7⑴㊽、帯域外領域の定義は1.7⑴㊾のとおりである。

（施２-１㊸～㊸の５）

⑵　スプリアス発射又は不要発射の強度の許容値

スプリアス発射又は不要発射の強度の許容値は、無線設備規則別表第３号に定めるとおりである。（設７）

ア　無線設備規則別表第３号において使用される用語の意義は、次のとおりである。（設別表３・１抜粋）

①　「スプリアス発射の強度の許容値」とは、無変調時において給電線に供給される周波数ごとのスプリアス発射の平均電力により規定される許容値をいう。

②　「不要発射の強度の許容値」とは、変調時において給電線に供給される周波数ごとの不要発射の平均電力（無線測位業務を行う無線局、30MHz以下の周波数の電波を使用するアマチュア局及び単側波帯を使用する無線局（移動局又は30MHz以下の周波数の電波を使用する地上基幹放送局以外の無線局に限る。）の送信設備（実数零点単側波帯変調方式を用いるものを除く。）にあっては、尖頭電力）により規定される許容値をいう。ただし、別に定めがあるものについてはこの限りでない。

③　「搬送波電力」とは、電波法施行規則第２条第１項第71号（1.7⑴㊼参照）に規定する電力をいう。ただし、デジタル変調方式等のように無変調の搬送波が発射できない又は実数零点単側波帯変調方式のように搬送波が低減されている場合は、変調され

た搬送波の平均電力をいう。（以下省略）

イ　スプリアス発射又は不要発射の強度の許容値は、次のとおりである。

（設別表３・２抜粋）

<table>
<tr><th>基本周波数帯</th><th>空中線電力</th><th>帯域外領域におけるスプリアス発射の強度の許容値</th><th>スプリアス領域における不要発射の強度の許容値</th></tr>
<tr><td rowspan="4">30MHz以下</td><td>50Wを超えるもの</td><td rowspan="3">50mW（船舶局及び船舶において使用する携帯局の送信設備にあっては、200mW）以下であり、かつ、基本周波数の平均電力より40dB低い値。ただし、単側波帯を使用する固定局及び陸上局（海岸局を除く。）の送信設備にあっては、50dB低い値</td><td>基本周波数の搬送波電力より60dB低い値</td></tr>
<tr><td>5Wを超え50W以下</td><td>50μW以下</td></tr>
<tr><td>1Wを超え5W以下</td><td>50μW以下。ただし、単側波帯を使用する固定局及び陸上局（海岸局を除く。）の送信設備にあっては、基本周波数の尖頭電力より50dB低い値</td></tr>
<tr><td>１W以下</td><td>１mW以下</td><td>50μW以下</td></tr>
<tr><td rowspan="3">335.4MHzを超え470MHz以下</td><td>25Wを超えるもの</td><td>１mW以下であり、かつ、基本周波数の平均電力より70dB低い値</td><td>基本周波数の搬送波電力より70dB低い値</td></tr>
<tr><td>1Wを超え25W以下</td><td>2.5μW以下</td><td>2.5μW以下</td></tr>
<tr><td>1W以下</td><td>25μW以下</td><td>25μW以下</td></tr>
<tr><td rowspan="2">960MHzを超えるもの</td><td>10Wを超えるもの</td><td>100mW以下であり、かつ、基本周波数の平均電力より50dB低い値</td><td>50μW以下又は基本周波数の搬送波電力より70dB低い値</td></tr>
<tr><td>10W以下</td><td>100μW以下</td><td>50μW以下</td></tr>
</table>

ウ　地上基幹放送局、インマルサット船舶地球局、デジタルMCA陸上移動通信を行う無線局、携帯無線通信を行う無線局、５GHz帯無線アクセスシステムの基地局及び陸上移動局などの送信設備については、別表第３号２の表に規定する値にかかわらず別の値が定められている。

（設別表３抜粋要旨）

エ　28MHz以下の周波数のJ３E電波を使用する航空機局及び航空局の送信設備並びに22MHz以下の周波数のJ２D電波（航空移動（R）業務の周波数に限る。）を使用する航空機局の送信設備の不要発射の強度の許容値は、上記の表に規定する値にかかわらず、次のとおりとする。なお、この場合における参照帯域幅は、無線

設備規則別表第３号２(2)に規定する値を準用する。（設別表３・11）

割当周波数からの周波数間隔	不要発射の強度の許容値
1.5kHz以上4.5kHz未満	基本周波数の尖頭電力より30dB低い値
4.5kHz以上7.5kHz未満	基本周波数の尖頭電力より38dB低い値
7.5kHz以上	基本周波数の尖頭電力より43dB低い値。ただし、航空局であって、空中線電力が50Wを超えるものは基本周波数の搬送波電力より60dB低い値とし、空中線電力が50W以下のものは50μW以下である値とする。

オ　生存艇及び救命浮機の送信設備、双方向無線電話、船舶航空機間双方向無線電話、捜索救助用レーダートランスポンダ、捜索救助用位置指示送信装置並びに航空機用救命無線機については、別表第３号２の表の許容値の規定は適用しない。（設別表３・12）

カ　総務大臣は、特に必要があると認めるときは、上記の値にかかわらず、その値を別に定めることができる。（設別表３・70）

3.4　送信設備の一般的条件

送信設備は、送信装置と送信空中線系とから成る電波を送る設備（施２-１㉟）であり、無線設備の中でも中核をなす部分で詳細な技術的条件が定められている。

3.4.1　周波数安定のための条件

(1)　周波数をその許容偏差内に維持するため、送信装置は、できる限り電源電圧又は負荷の変化によって発振周波数に影響を与えないものでなければならない。（設15－１）

(2)　周波数をその許容偏差内に維持するため、発振回路の方式は、できる限り外囲の温度若しくは湿度の変化によって影響を受けないものでなければならない。（設15－２）

(3)　移動局（移動するアマチュア局を含む。）の送信装置は、実際上起り得る振動又は衝撃によっても周波数をその許容偏差内に維持す

るものでなければならない。（設15－３）

⑷　水晶発振回路に使用する水晶発振子は、周波数をその許容偏差内に維持するため、次の条件に適合するものでなければならない。

（設16）

ア　発振周波数が当該送信装置の水晶発振回路により又はこれと同一の条件の回路によりあらかじめ試験を行って決定されているものであること。

イ　恒温槽を有する場合は、恒温槽は水晶発振子の温度係数に応じてその温度変化の許容値を正確に維持するものであること。

3.4.2　通信速度等

⑴　送信速度

ア　手送電鍵操作による送信装置は、その操作の通信速度が25ボーにおいて安定に動作するものでなければならない。（設17－１）

イ　アの送信装置以外の送信装置は、その最高運用通信速度の10パーセント増の通信速度において安定に動作するものでなければならない。（設17－２）

⑵　変調

ア　送信装置は、音声その他の周波数によって搬送波を変調する場合には、変調波の尖頭値において（±）100パーセントを超えない範囲に維持されるものでなければならない。（設18－１）

イ　アマチュア局の送信装置は、通信に秘匿性を与える機能を有してはならない。（設18－２）

⑶　通信方式の条件

ア　無線電話（アマチュア局のものを除く。）であってその通信方式が単信方式のものは、送信と受信との切換装置が一挙動切換式又はこれと同等以上の性能を有するものであり、かつ、船舶局のもの（手動切換えのものに限る。）については、当該切換装置の操作部分が当該無線電話のマイクロホン又は送受話器に装置して

あるものでなければならない。（設19－2）

イ　電気通信業務を行うことを目的とする無線電話局の無線設備であってその通信方式が複信方式のものは、ボーダス式又はこれと同等以上の性能のものでなければならない。ただし、近距離通信を行うものであって簡易なものについては、この限りでない。

（設19－3）

ウ　電気通信業務を行うことを目的とする海上移動業務の無線局の無線電話の送信と受信との切換装置でその切換操作を音声により行うものは、別に告示する技術的条件に適合するものでなければならない。（設19－4）

3.4.3　送信空中線

(1)　送信空中線の型式及び構成は、次のいずれにも適合するものでなければならない。（設20）

ア　空中線の利得及び能率がなるべく大であること。

イ　整合が十分であること。

ウ　満足な指向特性が得られること。

(2)　次に掲げる業務を行うことを目的とする無線局を開設しようとする者に対しては、空中線の利得、指向特性等に関する資料の提出を求めることがある。（設21）

ア　放送区域の特定する放送業務

イ　国際通信の業務

ウ　無線標識業務及び無線航行業務

エ　その他通信の相手方を特定する無線通信の業務

(3)　空中線の指向特性は、次に掲げる事項によって定める。（設22）

ア　主輻射方向及び副輻射方向

イ　水平面の主輻射の角度の幅

ウ　空中線を設置する位置の近傍にあるものであって電波の伝わる方向を乱すもの

エ　給電線よりの輻射

⑷　空中線の利得に関する用語の定義

空中線の利得の定義は1.7⑴㊾、空中線の絶対利得の定義は1.7⑴㊿、空中線の相対利得の定義は1.7⑴㉛、短小垂直空中線に対する利得の定義は1.7⑴㉜、実効輻射電力の定義は1.7⑴㉝、等価等方輻射電力の定義は1.7⑴㉞に記述したとおりである。（施２-１㉞～㊳の２）

3.5　受信設備の一般的条件

⑴　受信設備は、その副次的に発する電波又は高周波電流が、総務省令で定める限度を超えて他の無線設備の機能に支障を与えるものであってはならない。（法29）

⑵　副次的に発する電波等の限度

⑴に規定する副次的に発する電波が他の無線設備の機能に支障を与えない限度は、受信空中線と電気的常数の等しい擬似空中線回路を使用して測定した場合に、その回路の電力が４ナノワット以下でなければならない。（設24－１）

⑶　その他の条件

受信設備は、なるべく次のいずれにも適合するものでなければならない。（設25）

ア　内部雑音が小さいこと。

イ　感度が十分であること。

ウ　選択度が適正であること。

エ　了解度が十分であること。

⑷　受信空中線

送信空中線に関する規定は、受信空中線に準用する。（設26）

3.6　付帯設備の条件

無線設備には、人体及び物件に対する安全施設、無線設備の保護施設、周波数を許容偏差内に維持するための周波数測定装置の備付けその他の付帯的な条件が要求されている。

3.6.1　安全施設

無線設備には、人体に危害を及ぼし、又は物件に損傷を与えることがないように、総務省令で定める施設をしなければならない。（法30）

(1)　無線設備の安全性の確保

無線設備は、破損、発火、発煙等により人体に危害を及ぼし、又は物件に損傷を与えることがあってはならない。（施21の３）

(2)　電波の強度に対する安全施設

ア　無線設備には、その無線設備から発射される電波の強度（電界強度、磁界強度、電力束密度及び磁束密度をいう。）が別表第２号の３の３（省略）に定める値を超える場所（人が通常、集合し、通行し、その他出入りする場所に限る。）に取扱者のほか容易に出入りすることができないように、施設をしなければならない。ただし、次に掲げる無線局の無線設備については、この限りではない。（施21の４-１）

①　平均電力が20ミリワット以下の無線局の無線設備

②　移動する無線局の無線設備

③　地震、台風、洪水、津波、雪害、火災、暴動その他非常の事態が発生し、又は発生するおそれがある場合において、臨時に開設する無線局の無線設備

④　①から③までに掲げるもののほか、この規定を適用することが不合理であるものとして総務大臣が別に告示する無線局の無線設備

イ　アの電波の強度の算出方法及び測定方法については、総務大臣が別に告示する。（施21の４-２）

(3)　高圧電気に対する安全施設

ア　高圧電気（高周波若しくは交流の電圧300ボルト又は直流の電圧750ボルトを超える電気をいう。）を使用する電動発電機、変圧

器、ろ波器、整流器その他の機器は、外部より容易に触れることができないように、絶縁しゃへい体又は接地された金属しゃへい体の内に収容しなければならない。ただし、取扱者のほか出入できないように設備した場所に装置する場合は、この限りでない。

（施22）

イ　送信設備の各単位装置相互間をつなぐ電線であって高圧電気を通ずるものは、線溝若しくは丈夫な絶縁体又は接地された金属しゃへい体の内に収容しなければならない。ただし、取扱者のほか出入できないように設備した場所に装置する場合は、この限りでない。（施23）

ウ　送信設備の調整盤又は外箱から露出する電線に高圧電気を通ずる場合においては、その電線が絶縁されているときであっても、電気設備に関する技術基準を定める省令（経済産業省令）の規定するところに準じて保護しなければならない。（施24）

エ　送信設備の空中線、給電線若しくはカウンターポイズであって高圧電気を通ずるものは、その高さが人の歩行その他起居する平面から2.5メートル以上のものでなければならない。ただし、次のいずれかの場合は、この限りでない。（施25）

①　2.5メートルに満たない高さの部分が、人体に容易に触れない構造である場合又は人体が容易に触れない位置にある場合

②　移動局であって、その移動体の構造上困難であり、かつ、無線従事者以外の者が出入しない場所にある場合

(4)　空中線等の保安施設

無線設備の空中線系には避雷器又は接地装置を、また、カウンターポイズには接地装置をそれぞれ設けなければならない。ただし、26.175MHzを超える周波数を使用する無線局の無線設備及び陸上移動局又は携帯局の無線設備の空中線については、この限りでない。

（施26）

(5) 航空機用気象レーダーの安全施設

航空機用気象レーダーには、その設備の操作に伴って人体に危害を及ぼし又は物件に損傷を与えるおそれのある場合は、必要と認められる施設をしなければならない。（施27）

(6) 人体にばく露される電波の許容値

携帯電話等から発射される電波から人体を保護するための許容値が規定されている。

ア　人体（側頭部及び両手を除く。）にばく露される電波の許容値

① 無線局の無線設備（送信空中線と人体（側頭部及び両手を除く。）との距離が20センチメートルを超える状態で使用するものを除く。）から人体（側頭部及び両手を除く。）にばく露される電波の許容値は、次の表の第１欄に掲げる無線局及び同表の第２欄に掲げる発射される電波の周波数帯の区分に応じ、それぞれ同表の第３欄に掲げる測定項目について、同表の第４欄に掲げる許容値のとおりとする。（設14の２-１①）

（表の抜粋）

無線局	周波数帯	測定項目	許容値
携帯無線通信を行う陸上移動局	100kHz以上6GHz以下	人体（側頭部及び四肢を除く。）における比吸収率（電磁界にさらされたことによって任意の生体組織10グラムが任意の６分間に吸収したエネルギーを10グラムで除し、更に６分で除して得た値をいう。）	毎キログラム当たり２ワット以下

② ①の規定は、総務大臣が別に告示する無線設備については、適用しない。（設14の２-１③）

イ　人体側頭部にばく露される電波の許容値

① 無線局の無線設備（携帯して使用するために開設する無線局のものであって、人体側頭部に近接した状態において電波を送信するものに限る。）から人体側頭部にばく露される電波の許容値は、次の表第１欄に掲げる無線局及び同表の第２欄に掲げ

る発射される電波の周波数帯の区分に応じ、それぞれ同表の第３欄に掲げる測定項目について、同表の第４欄に掲げる許容値のとおりとする。　(設14の２－２①)

(表の抜粋)

無線局	周波数帯	測定項目	許容値
ア①の表に掲げる無線局のうち、伝送情報が電話（音響の放送を含む。）のもの	100kHz以上６GHz以下	人体側頭部における比吸収率	毎キログラム当たり２ワット以下

② ①の規定は、総務大臣が別に告示する無線設備については、適用しない。　(設14の２－２③)

ウ　ア及びイに規定する比吸収率の測定方法については、総務大臣が別に告示する。　(設14の２－３)

エ　ア及びイに規定する入射電力密度の測定方法については、総務大臣が別に告示する。　(設14の２－４)

3.6.2　無線設備の保護装置

無線設備を過負荷による破損等から保護するために、電源回路のしゃ断等について次のとおり規定されている。

(1)　真空管に使用する水冷装置には、冷却水の異状に対する警報装置又は電源回路の自動しゃ断器を装置しなければならない。(設８－１)

(2)　陽極損失１キロワット以上の真空管に使用する強制空冷装置には、送風の異状に対する警報装置又は電源回路の自動しゃ断器を装置しなければならない。　(設８－２)

(3)　(1)及び(2)に規定するものの外、無線設備の電源回路には、ヒューズ又は自動しゃ断器を装置しなければならない。ただし、負荷電力10ワット以下のものについては、この限りでない。　(設９)

3.6.3　周波数測定装置の備付け

(1)　総務省令で定める送信設備には、その誤差が使用周波数の許容偏

差の２分の１以下である周波数測定装置を備え付けなければならない。（法31）

⑵　⑴の規定により周波数測定装置を備え付けなければならない送信設備は、次に掲げる送信設備以外のものとする。（施11の３）

ア　26.175MHzを超える周波数の電波を利用するもの

イ　空中線電力10ワット以下のもの

ウ　⑴に規定する周波数測定装置を備え付けている相手方の無線局によってその使用電波の周波数が測定されることとなっているもの

エ　当該送信設備の無線局の免許人が別に備え付けた⑴に規定する周波数測定装置をもってその使用電波の周波数を随時測定し得るもの

オ　基幹放送局の送信設備であって、空中線電力50ワット以下のもの

カ　標準周波数局において使用されるもの

キ　アマチュア局の送信設備であって、当該設備から発射される電波の特性周波数を0.025パーセント以内の誤差で測定することにより、その電波の占有する周波数帯幅が、当該無線局が動作することを許される周波数帯内にあることを確認することができる装置を備え付けているもの

ク　その他総務大臣が別に告示するもの

3.6.4　人工衛星局等の条件

⑴　人工衛星局の条件

ア　人工衛星局の無線設備は、遠隔操作により電波の発射を直ちに停止することのできるものでなければならない。（法36の２-１）

イ　人工衛星局は、その無線設備の設置場所を遠隔操作により変更することができるものでなければならない。ただし、総務省令で定める人工衛星局（対地静止衛星に開設する人工衛星局以外の人

工衛星局（施32の５））については、この限りでない。（法36の２－２）

(2)　地球局の送信空中線の最小仰角

地球局の送信空中線の最大輻射の方向の仰角の値は、次に掲げる場合においてそれぞれに規定する値でなければならない。　（施32）

ア　深宇宙（地球からの距離が200万キロメートル以上である宇宙をいう。）に係る宇宙研究業務（科学又は技術に関する研究又は調査のための宇宙無線通信の業務をいう。）を行うとき10度以上

イ　アの宇宙研究業務以外の宇宙研究業務を行うとき　５度以上

ウ　宇宙研究業務以外の宇宙無線通信の業務を行うとき　３度以上

(3)　人工衛星局の送信空中線の指向方向

ア　対地静止衛星に開設する人工衛星局（一般公衆によって直接受信されるための無線電話、テレビジョン、データ伝送又はファクシミリによる無線通信業務を行うことを目的とするものを除く。）の送信空中線の地球に対する最大輻射の方向は、公称されている指向方向に対して、0.3度又は主輻射の角度の幅の10パーセントのいずれか大きい角度の範囲内に、維持されなければならない。

（施32の３－１）

イ　対地静止衛星に開設する人工衛星局（一般公衆によって直接受信されるための無線電話、テレビジョン、データ伝送又はファクシミリによる無線通信業務を行うことを目的とするものに限る。）の送信空中線の地球に対する最大輻射の方向は、公称されている指向方向に対して0.1度の範囲内に維持されなければならない。

（施32の３－２）

(4)　人工衛星局の位置の維持

ア　対地静止衛星に開設する人工衛星局（実験試験局を除く。）であって、固定地点の地球局相互間の無線通信の中継を行うものは、公称されている位置から経度の（±）0.1度以内にその位置を維持することができるものでなければならない。　（施32の４－１）

イ　対地静止衛星に開設する人工衛星局（一般公衆によって直接受

信されるための無線電話、テレビジョン、データ伝送又はファクシミリによる無線通信業務を行うことを目的とするものに限る。）は、公称されている位置から緯度及び経度のそれぞれ（±）0.1度以内にその位置を維持することができるものでなければならない。 （施32の４－２）

ウ　対地静止衛星に開設する人工衛星局であって、ア及びイの人工衛星局以外のものは、公称されている位置から経度の（±）0.5度以内にその位置を維持することができるものでなければならない。 （施32の４－３）

3.7　無線局の種別等による無線設備の技術的条件

無線設備の技術的条件について、前節までにおいてすべての無線局の無線設備に対して共通して適用される通則的条件、電波の質、送信設備の一般的条件及び安全施設等の付帯設備の条件について述べてきた。

一方、無線局は、その用途、使用する電波の型式、周波数、通信方式、運用形態等が様々であり、また、使用する無線設備も多様である。このため電波法令においては、それぞれの無線局又は無線設備に求められる技術的条件を定めている。

この節では、それらの多くの技術的条件の中から、各種の基幹放送局の無線設備の技術的条件の一部、船舶局及び航空機局の他、陸上関係の無線局の例として、携帯無線通信を行う無線局及び電気通信業務を行う固定局の技術的条件を取り上げている。

なお、放送については、基幹放送設備を総務省令で定める技術基準に適合するよう維持しなければならないとする放送法の規定に基づき、各種の放送の標準方式が総務省令として定められている。電波法に基づく無線設備の技術的条件の規定は、その標準方式による設備であることを前提としているので、標準方式についても要点について触れている。

3.7.1　中波放送を行う地上基幹放送局の無線設備

中波放送を行う地上基幹放送局については、次のような事項が規定されている。

(1)　中波放送に関する送信の標準方式（抜粋）

搬送波の変調の型式は、モノホニック放送を行う場合にあっては振幅変調、ステレオホニック放送を行う場合にあっては一定の順序で振幅変調及び角度変調を行うものとする。（中放標３-１）

(2)　無線設備の条件

中波放送を行う地上基幹放送局のマイクロホン増幅器又は録音再生装置の出力端子から送信空中線までの範囲（中継線及び連絡線を除く。）の無線設備の条件の大要は、次のとおりである。（設33の２）

ア　変調度

送信装置の変調器は、次の条件に適合するものでなければならない。（設33の３）

①　モノホニック放送を行う場合にあっては、少なくとも95パーセントまで直線的に振幅変調することができるものであること。

②　ステレオホニック放送を行う場合にあっては、同一である左側信号と右側信号の和信号（中波放送の標準方式に規定する和信号をいう。）により少なくとも95パーセントまで直線的に振幅変調することができるものであること。

イ　総合周波数特性

①　送信装置の総合周波数特性は、次の条件に適合するものでなければならない。（設33の４-１）

(ア)　モノホニック放送を行う場合にあっては、100ヘルツから7,500ヘルツまでの変調周波数において、400ヘルツの変調周波数により50パーセントの振幅変調をした場合を基準として、その偏差が無線設備規則別図第１号の２に示す許容限界の範囲内にあること。

(イ)　ステレオホニック放送を行う場合にあっては、100ヘルツから7,500ヘルツまでの変調周波数において、変調周波数が400ヘルツである同一の左側信号と右側信号の和信号により50パーセントの振幅変調をした場合を基準としたとき、又は変調周波数が400ヘルツの左側信号又は右側信号によりそれぞれ40パーセントの振幅変調をした場合を基準としたときのいずれにおいても、その偏差が無線設備規則別図第１号の２に示す許容限界の範囲内にあること。

② 送信装置の左側信号及び右側信号の入力端子に同一の信号を加えた場合の当該装置の出力端子における左側信号と右側信号とのレベルの差は、200ヘルツから5,000ヘルツまでの間のいずれの変調周波数においても、和信号により40パーセントの振幅変調をした場合、1.5デシベル以内でなければならない。

（設33の４－２）

ウ 総合歪率

送信装置の総合歪率は、次の条件に適合するものでなければならない。（設33の５）

① モノホニック放送を行う場合にあっては、200ヘルツ、1,000ヘルツ及び5,000ヘルツの変調周波数により80パーセントの振幅変調をしたとき、５パーセント以下であること。

② ステレオホニック放送を行う場合にあっては、変調周波数が200ヘルツ、1,000ヘルツ及び5,000ヘルツである同一の左側信号と右側信号の和信号により80パーセントの振幅変調をしたとき、又は変調周波数が200ヘルツ、1,000ヘルツ及び5,000ヘルツの左側信号又は右側信号によりそれぞれ40パーセントの振幅変調をしたときのいずれにおいても、５パーセント以下であること。

エ 搬送波の振幅変動率

送信装置の搬送周波数の電流の振幅の変動率は、次の条件に適合するものでなければならない。（設33の６）

① モノホニック放送を行う場合にあっては、1,000ヘルツの変調

周波数により振幅変調したとき、５パーセント以下であること。

② ステレオホニック放送を行う場合にあっては、変調周波数が1,000ヘルツである同一の左側信号と右側信号の和信号により振幅変調したとき、５パーセント以下であること。

オ　信号対雑音比

送信装置の信号対雑音比は、次の条件に適合するものでなければならない。（設33の７）

① モノホニック放送を行う場合にあっては、1,000ヘルツの変調周波数により80パーセントの振幅変調をしたとき、50デシベル以上であること。

② ステレオホニック放送を行う場合にあっては、変調周波数が1,000ヘルツである同一の左側信号と右側信号の和信号により80パーセントの振幅変調をしたとき50デシベル以上であり、かつ、変調周波数が1,000ヘルツの左側信号又は右側信号によりそれぞれ40パーセントの振幅変調をしたとき44デシベル以上であること。

カ　左右分離度

送信装置の左右分離度（送信装置の左側信号又は右側信号の入力端子のうちいずれか一に加えた信号が、当該装置の出力端子において、その一の入力端子に加えた当該信号として現れる出力と他の入力端子に加えた信号のように現れる出力との比をいう。）は、左側信号又は右側信号により40パーセントの振幅変調をした場合において、それぞれ、200ヘルツから5,000ヘルツまでの間のいずれの変調周波数においても20デシベル以上となるものでなければならない。（設33の８）

3.7.2　超短波放送（デジタル放送を除く。）を行う地上基幹放送局の無線設備

超短波放送（デジタル放送を除く。）を行う地上基幹放送局につい

ては、次のような事項が規定されている。

(1) 超短波放送に関する送信の標準方式（抜粋）

ア　主搬送波の変調の型式は、周波数変調とする。　（超放標４－１）

イ　主搬送波の最大周波数偏移は、（±）75kHzとする。（超放標４－２）

ウ　音声信号の最高周波数は、15,000Hzとする。　（超放標５－１）

(2) 無線設備の条件

ア　電波の偏波面

送信空中線は、その発射する電波の偏波面が水平となるものでなければならない。ただし、総務大臣が特に必要と認める場合は、この限りでない。　（設35）

イ　変調信号の許容偏差等

① パイロット信号の周波数は、超短波放送の標準方式に規定する値から（±）２ヘルツを超える偏差を生じてはならない。

（設36－１）

② ステレオホニック放送を行う場合の副搬送波が時間軸と正傾斜で交わる点は、パイロット信号がその時間軸と交わる点からパイロット信号の位相において（±）５度以内になければならない。　（設36－２）

ウ　変調度等

① 送信装置は、100パーセントまで直線的に変調することができるものでなければならない。　（設36の２－１）

② パイロット信号による主搬送波の周波数偏移は、超短波放送の標準方式に規定する最大周波数偏移の10パーセントから８パーセントまでの範囲内になければならない。　（設36の２－２）

③ ステレオホニック放送を行う場合の副搬送波による主搬送波の周波数偏移は、超短波放送の標準方式に規定する最大周波数偏移の１パーセントを超えてはならない。　（設36の２－３）

エ　総合周波数特性

① 送信装置の総合周波数特性は、その特性曲線が、50ヘルツか

ら15,000ヘルツまでの変調周波数において、総務大臣が別に告示する場合を除き、無線設備規則別図第1号の3に示す時定数50マイクロ秒の理想的プレエンファシス特性の曲線とプレエンファシス特性の許容限界の曲線との間にあるものでなければならない。（設36の3-1）

② 送信装置の左側信号及び右側信号の入力端子に同一の信号を加えた場合の当該装置の出力端子における左側信号と右側信号とのレベルの差は、100ヘルツから10,000ヘルツまでの間のいずれの変調周波数においても1.5デシベル以内でなければならない。（設36の3-2）

オ　総合歪率

送信装置の総合歪率は、次の表の左欄に掲げる変調周波数により主搬送波に（±）75kHzの周波数偏移を与えたとき、それぞれ同表の右欄に掲げるとおりとなるものでなければならない。

（設36の4）

変調周波数	総合歪率
50ヘルツ以上10,000ヘルツ未満	2パーセント以下
10,000ヘルツ以上15,000ヘルツ以下	3パーセント以内

カ　信号対雑音比

送信装置の信号対雑音比は、1,000ヘルツの変調周波数により主搬送波に（±）75kHzの周波数偏移を与えたとき、55デシベル以上となるものでなければならない。（設36の5）

キ　残留振幅変調雑音

送信装置の残留振幅変調雑音（変調のないときの搬送波に含まれる振幅変調雑音をいう。）は、主搬送波について100パーセントの振幅変調を行った場合に相当する送信機の出力に比較して（－）50デシベル以下となるものでなければならない。（設36の6）

ク　総合歪率等に関する規定の補則

オ、カ及びキの規定を適用する場合は、50マイクロ秒の時定数

を有するインピーダンス周波数特性の回路によりディエンファシスを行うものとする。（設36の７）

ケ　左右分離度

送信装置の左右分離度は、左側信号又は右側信号により主搬送波に（±）75kHzの周波数偏移を与えた場合において、それぞれ、100ヘルツから10,000ヘルツまでの間のいずれの変調周波数においても30デシベル以上となるものでなければならない。（設36の８）

コ　搬送波の変調波スペクトル

受信障害対策中継放送を行うための送信装置の搬送波の変調波スペクトルは、無線設備規則別図第２号に示す許容値の範囲内になければならない。（設37）

3.7.3　標準テレビジョン放送等を行う地上基幹放送局の無線設備

標準テレビジョン放送又は高精細度テレビジョン放送を行う地上基幹放送局については、次のような事項が規定されている。

(1)　標準テレビジョン放送等のうちデジタル放送に関する送信の標準方式（抜粋）

ア　使用する周波数帯幅は、5.7MHzとする。（テD標19－１）

イ　搬送波の周波数は、周波数帯幅の中央の周波数とする。

（テD標19－２）

(2)　無線設備の条件（抜粋）

ア　水平同期信号及び垂直同期信号の波形の許容範囲は、無線設備規則別図第４号の８の６に示すところによるものとする。

（設37の27の10－１）

イ　水平走査の繰返し周波数及び標本化周波数の許容偏差は、無線設備規則別図第４号の８の７に示すところによるものとする。

（設37の27の10－２）

ウ　逆高速フーリエ変換のサンプル周波数は、デジタル放送の標準方式第20条第３項に規定する値から（±）100万分の0.3を超える

偏差を生じてはならない。（設37の27の10－3）

エ　搬送波の変調波スペクトルは、無線設備規則別図第4号の8の8に示す許容値の範囲内になければならない。（設37の27の10－4）

オ　送信空中線は、その発射する電波の偏波面が水平となるものでなければならない。ただし、総務大臣が特に必要と認める場合は、この限りでない。（設37の27の11（設35準用））

3.7.4　標準テレビジョン放送等を行う衛星基幹放送局の無線設備

11.7GHzを超え12.2GHz以下の周波数の電波を使用する標準テレビジョン放送、高精細度テレビジョン放送、超高精細度テレビジョン放送、超短波放送又はデータ放送を行う衛星基幹放送局及び当該衛星基幹放送局と通信を行う地球局については、次のような事項が規定されている。

(1)　標準テレビジョン放送等のうちデジタル放送に関する送信の標準方式（抜粋）

ア　使用する周波数帯幅は、34.5MHzとする。（テD標51－1）

イ　搬送波の周波数は、周波数帯幅の中央の周波数とする。（テD標51－2）

(2)　無線設備の条件（抜粋）

ア　広帯域衛星基幹放送局の場合は、搬送波を変調する信号の通信速度は、デジタル放送の標準方式に規定する値から（注：毎秒28.860メガボー）から（±）100万分の20を超える偏差を生じてはならない。（設37の27の16－3）

イ　衛星基幹放送局及び衛星基幹放送局と通信を行う地球局の送信空中線は、その発射する電波の偏波が円偏波となるものでなければならない。（設37の27の17）

3.7.5　船舶局

船舶は、開設された船舶局が行う無線通信によってその船舶の航行の安全を維持できるものであるから、その無線設備は常に十分な運用を確保することができるようにしておかなければならない。このため、無線設備の設置について条件が付され、また、予備設備、計器及び予備品の備付けが義務付けられるなど特別な条件が課されている。

3.7.5.1　義務船舶局の無線設備の機器

(1)　義務船舶局の無線設備には、総務省令で定める船舶及び航行区域の区分に応じて、送信設備及び受信設備の機器、遭難自動通報設備の機器、船舶の航行の安全に関する情報を受信するための機器その他の総務省令で定める機器を備えなければならない。　(法33)

総務省令で定める船舶及び航行区域の区分は、次のとおりである。

(施28－1)

ア　A1海域（注1）のみを航行する船舶

イ　A1海域及びA2海域（注2）のみを航行する船舶

ウ　A1海域、A2海域及びその他の海域を航行する船舶

（注1）A1海域

F2B電波156.525MHzによる遭難通信を行うことができる海岸局の通信圏であって、総務大臣が別に告示するもの及び外国の政府が定めるものをいう。

（注2）A2海域

F1B電波2,187.5kHzによる遭難通信を行うことができる海岸局の通信圏（A1海域を除く。）であって、総務大臣が別に告示するもの及び外国の政府が定めるものをいう。

(2)　(1)の船舶及び航行区域の区分に応じて、義務船舶局の無線設備に備えなければならない機器は、次のとおりである。　(施28－1)

ア　A1海域のみを航行する船舶の義務船舶局（省略）

イ　A1海域及びA2海域のみを航行する船舶の義務船舶局（省略）

ウ　A1海域、A2海域及びその他の海域を航行する船舶の義務船舶局

①　送信設備及び受信設備の機器

(ア)　超短波帯の無線設備（デジタル選択呼出装置及び無線電話

による通信が可能なものに限る。）の機器　1台

(イ)　中短波帯及び短波帯の無線設備（デジタル選択呼出装置、無線電話及び狭帯域直接印刷電信装置による通信が可能なものに限る。）の機器　1台

②　遭難自動通報設備の機器

(ア)　捜索救助用レーダートランスポンダ又は捜索救助用位置指示送信装置　1台（注1）

(イ)　衛星非常用位置指示無線標識　1台

③　船舶の航行の安全に関する情報を受信するための機器

(ア)　ナブテックス受信機　1台

(イ)　高機能グループ呼出受信機（注2）　1台

④　その他の機器

(ア)　双方向無線電話　2台（注1）

(イ)　船舶航空機間双方向無線電話　1台

(ウ)　超短波帯のデジタル選択呼出専用受信機　1台

(エ)　中短波帯及び短波帯のデジタル選択呼出専用受信機　1台

(オ)　船舶自動識別装置の機器　1台

(カ)　地上無線航法装置又は衛星無線航法装置の機器　1台

＊　中短波帯　1,606.5kHz を超え 3,900kHz 以下の周波数帯をいう。
　短波帯　4 MHz を超え 26.175MHz 以下の周波数帯をいう。
　超短波帯　156MHz を超え 157.45MHz 以下の周波数帯をいう。

（注1）　旅客船等については、条件によって台数が加算される場合がある。

（注2）　ナブテックス受信機のための海上安全情報を送信する無線局の通信圏を超えて航行する船舶の義務船舶局に限る。

(3)　義務船舶局の無線設備には、(2)に掲げる機器のほか、当該義務船舶局のある船舶の航行する海域に応じて、当該船舶を運航するために必要な陸上との間の通信を行うことができる機器を備えなければならない。ただし、(2)の機器又は当該義務船舶局のある船舶に開設する他の無線局の無線設備により当該通信を行うことができる場合は、この限りでない。　（施28－2）

(4) 義務船舶局のある船舶のうち、旅客船であって国際航海に従事するもの及び総トン数500トン以上の旅客船以外の船舶であって国際航海に従事するものの義務船舶局の無線設備には、(2)及び(3)の機器のほか、船舶保安警報装置（海上保安庁に対して船舶保安警報を伝送できることその他総務大臣が別に告示する要件を満たす機器をいう。）を備えなければならない。ただし、(2)及び(3)の機器により、その要件を満たすことができる場合は、この限りでない。（施28－3）

(5) 国際航海に従事する総トン数150トン以上の旅客船及び総トン数3,000トン以上の旅客船以外の船舶の義務船舶局の無線設備には、(2)から(4)までの機器のほか、航海情報記録装置（注）を備えなければならない。（施28－4）

（注） 簡易型航海情報記録装置とする例外がある。

(6) 義務船舶局のある船舶に積載する高速救助艇には、当該高速救助艇ごとに、手で保持しなくても、送信を行うことができるようにするための附属装置を有する双方向無線電話を備えなければならない。（施28－5）

(7) 義務船舶局のある船舶のうち、旅客船であって国際航海に従事するもの及び総トン数300トン以上の旅客船以外の船舶であって国際航海に従事するものの義務船舶局の無線設備には、(2)及び(3)の機器のほか、船舶長距離識別追跡装置（海上保安庁に対して自船の識別及び位置（その取得日時を含む。）に係る情報を自動的に伝送できることその他総務大臣が別に告示する要件を満たす機器をいう。）を備えなければならない。ただし、(2)及び(3)の機器により、当該要件を満たすことができる場合は、この限りでない。（施28－6）

(8) (2)のウの義務船舶局であって、その義務船舶局のある船舶にインマルサット船舶地球局のインマルサットC型又は電波法施行規則第12条第6項第2号に規定する船舶地球局のうち1,621.35MHzから1,626.5MHzまでの周波数の電波を使用する無線設備を備えるものは、(2)の規定にかかわらず、ウの①(イ)及び④(エ)の機器を備えることを要しない。ただし、インマルサット船舶地球局のインマルサットC型の無線設備を備えるものであって、総務大臣が別に告示するインマルサット人工衛星局の通信圏を超えて航行する船舶の義務船舶局の場合は、この限りでない。（施28－７）

(9)　(2)の義務船舶局であって、その義務船舶局のある船舶に高機能グループ呼出し受信の機能を持つインマルサット船舶地球局の無線設備又は高機能グループ呼出し受信の機能を持つ電波法施行規則第12条第６項第２号に規定する船舶地球局のうち1,621.35MHzから1,626.5MHzまでの周波数の電波を使用する無線設備を備えるものは、(2)の規定にかかわらず、高機能グループ呼出受信機を備えることを要しない。この場合において、当該インマルサット船舶地球局又は電波法施行規則第12条第６項第２号に規定する船舶地球局のうち1,621.35MHzから1,626.5MHzまでの周波数の電波を使用する無線設備は、(2)に規定する高機能グループ呼出受信機とみなして、義務船舶局における当該機器に係る規定を適用する。（施28－９）

(10)　小型の船舶又は我が国の沿岸海域のみを航行する船舶の義務船舶局は、総務大臣が別に告示するところにより、当該告示において定める機器をもって(2)及び(3)の規定により備えなければならない機器に代えることができる。（施28－10）

3.7.5.2　具備すべき電波

船舶局の具備すべき電波は、使用する装置ごとに電波法施行規則において規定されている。次の表は、規定の内容を要約したものである。

(1)　デジタル選択呼出装置、無線電話又は狭帯域直接印刷電信により通信を行う船舶局（施12－１～３）

通信を行う装置	船舶局の区分	具備すべき電波
デジタル選択呼出装置	1606.5kHzを超え3,900kHz以下の周波数帯の電波を送信に使用するもの	Ｆ１Ｂ電波2,177kHz、2,187.5kHz及び総合通信局長が指示する電波の送受信

	4MHzを超え26.175MHz以下の周波数帯の電波を送信に使用するもの	F1B電波5波（省略）及び総合通信局長が指示する電波の送受信
	156MHzを超え157.45MHz以下の周波数帯の電波を送信に使用するもの	F2B電波156.525MHzの電波の送受信
無線電話	1606.5kHzを超え3,900kHz以下の周波数帯の電波を送信に使用するもの	J3E電波2,182kHz及び総合通信局長が指示する電波の送受信
	4MHzを超え26.175MHz以下の周波数帯の電波を送信に使用するもの	J3E電波5波（省略）及び総合通信局長が指示する電波の送受信
	156MHzを超え157.45MHz以下の周波数帯の電波を送信に使用するもの	F3E電波156.8MHz及び総合通信局長が指示する電波の送受信
狭帯域直接印刷電信	1606.5kHzを超え3,900kHz以下の周波数帯の電波を送信に使用するもの	F1B電波2,174.5kHz及び総合通信局長が指示する電波の送受信
	4MHzを超え26.175MHz以下の周波数帯の電波を送信に使用するもの	F1B電波5波（省略）及び総合通信局長が指示する電波の送受信

(2) その他の無線設備を備える船舶局　（施12－5～10）

無線設備	具備すべき電波	
船舶自動識別装置又は簡易型船舶自動識別装置	① F1D電波161.975MHz及び162.025MHzの送信 ② F2B電波156.525MHz並びにF1D電波161.975MHz及び162.025MHzの受信	
船舶地球局	インマルサット船舶地球局	総務大臣が別に告示する電波の送受信
	電波法施行規則第12条第6項第2号の船舶地球局（非静止衛星に開設する人工衛星局の中継により海岸地球局と通信を行う船舶地球局）	Q7W電波1,618.25MHzから1,626.5MHzまでの周波数帯のうち総合通信局長が指示する電波の送受信

双方向無線電話	Ｆ３Ｅ電波156.8MHz及び総合通信局長が指示する電波の送受信
船舶航空機間双方向無線電話	Ａ３Ｅ電波121.5MHz及び123.1MHzの送受信
衛星非常用位置指示無線標識	Ａ３Ｘ電波121.5MHz及びＧ１Ｂ電波又はＧ１Ｄ電波406.025MHz、406.028MHz、406.031MHz、406.037MHz又は406.04MHz並びにＦ１Ｄ電波161.975MHz及び162.025MHzの送信
捜索救助用レーダートランスポンダ	Ｑ０Ｎ電波9,200MHzから9,500MHzまでの送信
捜索救助用位置指示送信装置	Ｆ１Ｄ電波161.975MHz及び162.025MHzの送信
航海情報記録装置等を備える衛星位置指示無線標識	Ａ３Ｘ電波121.5MHz及びＧ１Ｂ電波又はＧ１Ｄ電波406.028MHz、406.031MHz、406.037MHz又は406.04MHz並びにＦ１Ｄ電波161.975MHz及び162.025MHzの送信
ナブテックス受信機	Ｆ１Ｂ電波424kHz（注１）又は518kHz（注２）の受信
高機能グループ呼出受信機	Ｇ１Ｄ電波1,530MHzから1,545MHzまで又はＱ７Ｗ電波1,618.25MHzから1,626.5MHzまでの受信
地上無線航法装置	Ｐ０Ｎ電波100kHzの受信
衛星無線航法装置	Ｇ７Ｘ電波1,227.6MHz又は1,575.42MHzの受信

（注１）海上安全情報が海岸局から和文により送信される周波数
（注２）海上安全情報が海岸局から英文で送信される周波数
（参考）携帯用位置指示無線標識は、船舶局の無線設備ではなく遭難自動通報局の無線設備であるが、具備すべき電波は、次のとおり定められている。（施12－9）
　Ａ３Ｘ電波121.5MHz及びＧ１Ｂ電波406.025MHz、406.028MHz、406.031MHz、406.037MHz及び406.04MHzの送信

(3)　船上通信局又は船舶局が船上通信設備を使用して通信を行う場合の電波の型式、周波数及び空中線電力　（施13の３の３）

電波の型式及び周波数	空中線電力
Ｆ３Ｅ電波156.75MHz又は156.85MHz	1ワット以下
Ｆ１Ｄ電波及びＦ１Ｅ電波又はＦ３Ｅ電波450MHzを超え470MHz以下の周波数で別に告示するもの	2ワット以下

3.7.5.3　計器及び予備品の備付け

船舶局の無線設備には、その操作のために必要な計器及び予備品であって、総務省令で定めるものを備え付けなければならない。（法32）

⑴　計器は、補助電源の電圧計、空中線電流計、回路試験器等８項目が定められているが、26.175MHzを超える周波数の電波を使用する送信設備、空中線電力10ワット以下の送信設備その他総務大臣が別に告示する送信設備については、別に告示するものを省略することができる。（施30）

⑵　予備品は、無線設備（空中線電力10ワット以下のもの、26.175MHzを超える周波数の電波を使用するもの等を除く。）の各装置ごとに、送信用の真空管、送話器、空中線用線条、空中線素子、修繕用器具、ヒューズ等の８項目が定められている。（施31－１）

なお、送信用終段電力増幅管に替えて半導体素子を使用するものについては、予備品の備付けを要しない。（施31－３）

また、レーダー（沿海区域を航行区域とする船舶及び漁船の船舶局を除く。）は、マグネトロン、サイラトロン等６項目について定められているが、マグネトロン等に替えて半導体素子を使用するものについては、予備品の備付けを要しない。（施31－４）

3.7.5.4　義務船舶局等の無線設備の条件等

⑴　無線設備の設置場所の要件

義務船舶局及び義務船舶局のある船舶に開設する総務省令で定める船舶地球局（「義務船舶局等」という。）の無線設備は、次に掲げる要件に適合する場所に設けなければならない。ただし、総務省令で定める無線設備については、この限りでない。（法34）

ア　その無線設備の操作に際し、機械的原因、電気的原因その他の原因による妨害を受けることがない場所であること。

イ　その無線設備につきできるだけ安全を確保することができるように、その場所が当該船舶において可能な範囲で高い位置にあること。

ウ　その無線設備の機能に障害を及ぼすおそれのある水、温度その他の環境の影響を受けない場所であること。

(2)　船舶地球局の範囲等

ア　(1)本文の総務省令で定める船舶地球局は、次のとおりである。

（施28の2－1）

①　3.7.5.1(8)の規定により、中短波帯及び短波帯の無線設備の機器を備えることを要しないこととした場合における当該インマルサット船舶地球局又は電波法施行規則第12条第6項第2号に規定する船舶地球局のうち1,621.35MHzから1,626.5MHzまでの周波数の電波を使用するもの

②　3.7.5.5(5)の規定により、インマルサット船舶地球局のインマルサットC型の無線設備又は電波法施行規則第12条第6項第2号に規定する船舶地球局のうち1,621.35MHzから1,626.5MHzまでの周波数の電波を使用する無線設備を義務船舶局の予備設備とした場合における当該インマルサット船舶地球局又は電波法施行規則第12条第6項第2号に規定する船舶地球局のうち1,621.35MHzから1,626.5MHzまでの周波数の電波を使用するもの

イ　(1)ただし書の総務省令で定める無線設備は、次の義務船舶局等のものとする。　（施28の2－2）

①　遠洋区域又は近海区域を航行区域とする総トン数1,600トン未満の船舶（旅客船を除く。）及び沿海区域又は平水区域を航行区域とする船舶の義務船舶局等（国際航海に従事しない船舶のものに限る。）であって、総務大臣が別に告示するもの

②　総トン数300トン未満の漁船の義務船舶局等

(3)　磁気羅針儀に対する保護

船舶の航海船橋に通常設置する無線設備には、その筐体の見やすい箇所に、当該設備の発する磁界が磁気羅針儀の機能に障害を与えない最小の距離を明示しなければならない。　（設37の28）

(4)　義務船舶局の空中線

ア　義務船舶局に備える無線設備の空中線は、通常起こり得る船舶

の振動又は衝撃により破断しないように十分な強度を持つものでなければならない。（設38－1）

イ　義務船舶局に備えなければならない無線電話であって、F３E電波156.8MHzを使用するものの空中線は、船舶のできる限り上部に設置されたものでなければならない。（設38－2）

(5)　航海船橋における通信等

ア　義務船舶局に備える無線電話であってF３E電波156.8MHzを使用するものは、航海船橋において通信できるものでなければならない。（設38の４－１）

イ　義務船舶局等に備えなければならない無線設備（遭難自動通報設備を除く。）は、通常操船する場所において、遭難通信を送り、又は受けることができるものでなければならない。（設38の４－２）

ウ　義務船舶局に備えなければならない衛星非常用位置指示無線標識及び航海情報記録装置又は簡易型航海情報記録装置を備える衛星位置指示無線標識は、通常操船する場所から遠隔制御できるものでなければならない。ただし、通常操船する場所の近くに設置する場合は、この限りでない。（設38の４－３）

エ　ア、イ及びウの規定は、船体の構造その他の事情により総務大臣が当該規定によることが困難又は不合理であると認めて別に告示する無線設備については、適用しない。（設38の４－４）

(6)　制御器の照明

旅客船又は総トン数300トン以上の船舶の義務船舶局等に備える無線設備の制御器は、通常の電源及び非常電源から独立した電源から電力の供給を受けることができ、かつ、当該制御器を十分照明できる位置に取り付けられた照明設備により照明されるものでなければならない。ただし、照明することが困難又は不合理な無線設備の制御器であって、総務大臣が別に告示するものについては、この限りでない。（設44）

⑺　無線設備の電源

ア　電源電圧の維持等

①　義務船舶局等の無線設備の電源は、その船舶の航行中、これらの設備を動作させ、かつ、同時に無線設備の電源用蓄電池を充電するために十分な電力を供給することができるものでなければならない。（設38の２-１）

②　①の電源は、その電圧を定格電圧の（±）10パーセント以内に維持することができるものでなければならない。（設38の２-２）

イ　補助電源

旅客船又は総トン数300トン以上の船舶の義務船舶局等には、次の各号に掲げる設備を同時に６時間以上（船舶安全法の規定に基づく命令による非常電源を備えるものについては、１時間以上）連続して動作させるための電力を供給することができる補助電源を備えなければならない。ただし、総務大臣が別に告示する義務船舶局等については、この限りでない。（設38の３）

①　Ｆ３Ｅ電波を使用する無線電話による通信及びデジタル選択呼出装置による通信を行う船舶局の無線設備であって、無線通信規則付録第18号（VHF帯における海上移動業務の局の送信周波数の表）の表に掲げる周波数の電波を使用するもの

②　次に掲げる無線設備のいずれかのもの

㈠　Ｊ３Ｅ電波を使用する無線電話による通信及びデジタル選択呼出装置による通信を行う船舶局の無線設備であって、1,606.5kHzから3,900kHzまでの周波数の電波を使用するもの（Ａ１海域、Ａ２海域及びその他の海域を航行する船舶の義務船舶局のものに限る。）

㈡　Ｊ３Ｅ電波を使用する無線電話による通信及びデジタル選択呼出装置又は狭帯域直接印刷電信装置による通信を行う船舶局であって、1,606.5kHzから26,175kHzまでの周波数の電波を使用する無線設備（Ａ１海域、Ａ２海域及びその他の海域

を航行する船舶の義務船舶局のものに限る。）

(ウ) 船舶地球局の無線設備（(2)アの船舶地球局のものに限る。）

③ ①及び②の無線設備の機能が正常に動作するための位置情報その他の情報を継続して入力するための装置

3.7.5.5 予備設備の備付け等

(1) 義務船舶局等の無線設備については、総務省令で定めるところにより、次に掲げる措置のうち一又は二の措置をとらなければならない。ただし、A１海域のみを航行する船舶の船舶局等の無線設備については、この限りでない。 （法35）

ア 予備設備を備えること。

イ その船舶の入港中に定期に点検を行い、並びに停泊港に整備のために必要な計器及び予備品を備えること。

ウ その船舶の航行中に行う整備のために必要な計器及び予備品を備え付けること。

(2) (1)の規定により、義務船舶局等の無線設備についてとらなければならない措置は、次のとおりとする。 （施28の４）

ア 旅客船又は総トン数300トン以上の船舶であって、国際航海に従事するもの（A１海域のみを航行するもの並びにA１海域及びA２海域のみを航行するものを除く。）の義務船舶局等の無線設備については、(1)アからウの措置のうち二の措置

イ ア以外の義務船舶局等の無線設備については、(1)アからウの措置のうち一の措置

(3) 予備設備を備えるべき機器

(1)アの規定により備えなければならない予備設備は、次に掲げる無線設備の機器とする。 （施28の５-１）

ア A１海域のみを航行する船舶の義務船舶局（省略）

イ A１海域及びA２海域のみを航行する船舶の義務船舶局（省略）

ウ A１海域、A２海域及びその他の海域を航行する船舶の義務船

船局にあっては、3.7.5.1(2)の規定により義務船舶局に備えなければならない無線設備の機器のうち次のもの

① 超短波帯の無線設備

② 中短波帯及び短波帯の無線設備

③ 中短波帯及び短波帯のデジタル選択呼出専用受信機

(4) 予備設備の空中線

(3)の予備設備は、専用の空中線に接続され、直ちに運用できる状態に維持されたものでなければならない。（施28の５-２）

(5) 代替措置

(3)の予備設備は、その規定による機器を備えることが困難又は不合理である場合には、総務大臣が別に告示するところにより、インマルサット船舶地球局のインマルサットＣ型の無線設備又は電波法施行規則第12条第６項第２号に規定する船舶地球局のうち1,621.35MHzから1,626.5MHzまでの周波数の電波を使用する無線設備の機器その他の当該告示において定める機器とすることができる。（施28の５-３）

3.7.5.6 遭難通信の通信方法を記載した表の掲示

義務船舶局等には、遭難通信の通信方法等に関する事項で総務大臣が告示するものを記載した表を備え付け、その無線設備の通信操作を行う位置から容易にその記載事項を見ることができる箇所に掲げておかなければならない。（施28の３）

3.7.5.7 船舶地球局等の無線設備

(1) 船舶地球局の無線設備は、次に掲げる条件に適合するものでなければならない。（設40の４-１）

ア 点検及び保守を容易に行うことができるものであること。

イ 自局の識別表示は、容易に変更できないこと。

ウ 遭難警報は、容易に送出でき、かつ、誤操作による送出を防ぐ

措置が施されていること。

エ　電源電圧が定格電圧の（±）10パーセント以内において変動した場合においても、安定に動作するものであること。

オ　電源の供給の中断が1分以内である場合は、継続して支障なく動作するものであること。

カ　通常起こり得る温度若しくは湿度の変化、振動又は衝撃があった場合において、支障なく動作するものであること。

(2)　高機能グループ呼出受信機は、(1)の条件（イ及びウを除く。）のほか、次に掲げる条件に適合するものでなければならない。

（設40の4－5）

ア　自動的に受信及び印字ができること。

イ　遭難通信又は緊急通信を受信したときは、手動でのみ停止できる特別の可聴及び可視の警報を発すること。

ウ　受信機能及び印字機能が正常に動作していることを容易に確認できること。

エ　インマルサット高機能グループ呼出受信機については、空中線系の絶対利得と受信装置の等価雑音温度との比に関する条件がある。

オ　アからエまでのほか、総務大臣が別に告示する技術的条件に適合すること。

3.7.5.8　デジタル選択呼出装置

船舶局のデジタル選択呼出装置は、次の条件に適合するものでなければならない。（設40の5）

ア　点検及び保守を容易に行うことができるものであること。

イ　自局の識別信号は、容易に変更できないこと。

ウ　送信する通報の内容を表示できること。

エ　正常に動作することを容易に試験できる機能を有すること。

オ　遭難警報は、容易に送出でき、かつ、誤操作による送出を防ぐ措置が施されていること。

カ　遭難警報は、自動的に５回繰り返し送信し、それ以降の送信は、3.5分から4.5分までの間のうち、不規則な間隔を置くものであること。

キ　遭難通信又は緊急通信以外の通信を受信したときは、可視の表示を行うものであること。

ク　遭難通信又は緊急通信を受信したときは、手動でのみ停止できる特別の可聴及び可視の警報を発すること。

ケ　受信した遭難通信に係る呼出しの内容が直ちに印字されない場合、当該内容を20以上記憶できるものであり、かつ、記憶した内容は印字する等により読み出されるまで保存できること。

コ　遭難通信に対する応答は、手動でのみ行うことができるものであること。

サ　電源電圧が定格電圧の(±)10パーセント以内において変動した場合においても、安定に動作するものであること。

シ　通常起こり得る温度若しくは湿度の変化、振動又は衝撃があった場合において、支障なく動作するものであること。

（以下省略）

3.7.5.9　J3E 電波を使用する無線電話等の無線設備

Ｊ３Ｅ電波を使用する無線電話による通信及びデジタル選択呼出装置又は狭帯域直接印刷電信装置による通信を行う船舶局の無線設備であって、1,606.5kHzから26,175kHzまでの周波数の電波を使用するものの送信装置及び受信装置は、次の条件に適合するものでなければならない。　（設40の７）

(1)　一般的条件

ア　点検及び保守を容易に行うことができるものであること。

イ　電源投入後、１分以内に運用できること。

ウ　電波が発射されていることを表示する機能を有すること。

エ　3.7.5.8のサ及びシの条件

⑵　送信装置の条件

空中線電力（無線電話は尖頭電力、デジタル選択呼出装置又は狭帯域直接印刷電信装置は平均電力とする。）	①　60ワット以上となるものであること。 ②　400ワットを超える場合は、400ワット以下に低減できること。

（以下省略）

3.7.5.10　ナブテックス受信機

⑴　F１B電波518kHzを受信するための受信機は、次の条件に適合するものでなければならない。（設40の10－1）

ア　F１B電波518kHz及び総務大臣が別に告示する周波数の電波を同時に自動的に受信し、その受信した情報の英文による印字又は映像面への表示が自動的にできること。

イ　受信機能及び印字又は映像面への表示機能が正常に動作していることを容易に確認できること。

ウ　遭難通信を受信したときは、手動でのみ停止できる特別の警報を発すること。

エ　電源電圧が定格電圧の(±)10パーセント以内において変動した場合においても、安定に動作するものであること。

オ　通常起こり得る温度若しくは湿度の変化、振動又は衝撃があった場合において、支障なく動作するものであること。

カ　感度、その他（省略）

⑵　F１B電波424kHzを受信するための受信機は、⑴（アを除く。）の規定によるほか、次の条件に適合するものでなければならない。

（設40の10－2）

ア　受信及び和文による印字又は映像面への表示が自動的にできること。

イ　感度、その他（省略）

3.7.5.11　遭難自動通報設備

遭難自動通報設備は、船舶が遭難した場合に生存者の位置の決定を容易にするための信号を自動的に送信する設備であり、救命艇や救命いかだの上又は海面において、自動的に又は簡単な操作で作動する。

遭難自動通報設備には、衛星非常用位置指示無線標識、捜索救助用レーダートランスポンダ、捜索救助用位置指示送信装置及び携帯用位置指示無線標識の４設備がある。

3.7.5.1で述べたとおり、義務船舶局は、衛星非常用位置指示無線標識及び捜索救助用レーダートランスポンダ又は捜索救助用位置指示送信装置の備付けが義務付けられている。

各設備の定義、送信できなければならない電波及び一般的条件は、次のとおりである。

⑴　衛星非常用位置指示無線標識（衛星EPIRB）

（EPIRB：Emergency Position Indicating Radio Beacon）

ア　定義

衛星非常用位置指示無線標識とは、遭難自動通報設備であって、船舶が遭難した場合に、人工衛星局の中継により、並びに船舶局及び航空機局に対して、当該遭難自動通報設備の送信の地点を探知させるための信号を送信するものをいう。　（施２－１㊳）

イ　送信できなければならない電波

Ａ３Ｘ電波121.5MHz及びＧ１Ｂ電波又はＧ１Ｄ電波406.025MHz、406.028MHz、406.031MHz、406.037MHz又は406.04MHz並びにＦ１Ｄ電波161.975MHz及び162.025MHz　（施12－９）

ウ　一般的条件　（設45の２－１）

①　人工衛星向けの信号と航空機がホーミングするための信号を同時に送信することができること。

②　船体から容易に取り外すことができ、かつ、一人で持ち運ぶことができること。

③　水密であること、海面に浮くこと、横転した場合に復元する

こと、浮力のあるひもを備え付けること等海面において利用するのに適していること。

④　筐体に黄色又はだいだい色の彩色が施されており、かつ、反射材が取り付けられていること。

⑤　海水、油及び太陽光線の影響をできるだけ受けない措置が施されていること。

⑥　筐体の見やすい箇所に、電源の開閉方法等機器の取扱方法その他注意事項を簡明に、かつ、水で消えないように表示してあること。

⑦　手動により動作を開始し、及び停止することができること。

⑧　自動的に船体から離脱するものは、離脱後自動的に作動すること。

⑨　不注意による動作を防ぐ措置が施されていること。

⑩　人工衛星向けの電波が発射されていることを表示する機能を有すること。

⑪　正常に動作することを容易に試験できる機能を有すること。

⑫　通常起こり得る温度若しくは湿度の変化、振動又は衝撃があった場合において、支障なく動作するものであること。

⑬　暗所で作動し、他の環境下においても確認可能な点滅灯を備えること。

⑭　人工衛星局から送信される位置の測定のための信号を受信する装置を有し、当該装置により計算した位置に関する情報を送信するものであること。

(2)　捜索救助用レーダートランスポンダ

(SART：Search and Rescue Transponder)

ア　定義

捜索救助用レーダートランスポンダとは、遭難自動通報設備であって、船舶が遭難した場合に、レーダーから発射された電波を受信したとき、それに応答して電波を発射し、当該レーダーの指

示器上にその位置を表示させるものをいう。（施2-1㊴）

イ　送信できなければならない電波

Q0N電波9,200MHzから9,500MHzまで（施12-9）

ウ　一般的条件（設45の3の3-1）

① 小型かつ軽量であること。

② 水密であること。

③ 海面にある場合に容易に発見されるように、筐体に黄色又はだいだい色の彩色が施され、かつ、海水、油及び太陽光線の影響をできるだけ受けない措置が施されていること。

④ (1)ウの⑥、⑦、⑨、⑪及び⑫の条件に適合すること。

⑤ 取扱いについて特別の知識又は技能を有しない者にも容易に操作できるものであること。

⑥ 生存艇に損傷を与えるおそれのある鋭い角等がないものであること。

⑦ 電波が発射されていること及び待受状態を表示する機能を有すること。

⑧ 生存艇と一体でないものは、浮力のあるひもを備え付けること、海面に浮くこと及び船体から容易に取り外すことができること。

⑨ 海面において使用するものは、横転した場合に復元すること。

(3) 捜索救助用位置指示送信装置

（AIS-SART：AIS Search and Rescue Transmitter）

ア　定義

捜索救助用位置指示送信装置とは、遭難自動通報設備であって、船舶が遭難した場合に、船舶自動識別装置又は簡易型船舶自動識別装置の指示器上にその位置を表示させるための情報を送信するものをいう。（施2-1㊴の2）

イ　送信できなければならない電波

F1D電波　161.975MHz及び162.025MHz（施12-9）

ウ　一般的条件　(設45の3の3の2-1)

① (2)のウの一般的条件に適合すること。

② 電波法施行規則別図第6号の装置の識別信号（省略）を送信するものであること。

③ 人工衛星局から送信される位置の測定のための信号を受信する装置を有し、当該装置により計算した位置に関する情報を送信するものであること。

④ 電源投入後、1分以内に通報の送信を開始するものであること。

(4) 携帯用位置指示無線標識（PLB：Personal Locator Beacon）

ア　定義

携帯用位置指示無線標識とは、人工衛星局の中継により、及び航空機局に対して、電波の送信の地点を探知させるための信号を送信する遭難自動通報設備であって、携帯して使用するものをいう。　(施2-1㊲の8)

イ　送信できなければならない電波

A3X電波121.5MHz及びG1B電波406.025MHz、406.028MHz、406.031MHz、406.037MHz又は406.04MHz　(施12-9)

ウ　一般的条件　(設45の3の3の3)

① (1)ウの①、⑦、⑨及び⑪の条件に適合すること。

② 小型かつ軽量であって、一人で容易に持ち運びができること。

③ 筐体は容易に開けることができないこと。

④ 筐体に黄色又はだいだい色の彩色が施されていること。

⑤ 筐体の見やすい箇所に、機器の取扱方法その他注意事項を簡明に、かつ、水で消えないように表示してあること。

⑥ 取扱いについて特別の知識又は技能を有しない者にも容易に操作できるものであること。

⑦ 電波が発射されていることを表示する機能を有すること。

(注)　携帯用位置指示無線標識は、船舶局の無線設備ではなく、遭難自動通

報局の無線設備となる。(1.7(3)⑬参照)

3.7.6　航空機局

航空機は、開設された航空機局が行う無線通信によってその航空機の航行の安全を維持できるものである。航空機局の無線設備の設置及び動作の環境は、他の無線通信業務の無線局に比べて非常に厳しい条件の下に置かれ、また、飛行中における安定した通信を確保するため多くの条件が課されている。それらの概要は、次のとおりである。

(1)　航空機局等の条件

ア　航空機局及び航空機地球局（航空機の安全運航又は正常運航に関する通信を行わないものを除く。）の受信設備は、なるべく、航空機の電気的雑音によって妨害を受けないような箇所に設置されていなければならない。　(施31の2－1)

イ　航空機局、航空機地球局及び航空機において使用する携帯局の無線設備は、なるべく、雨、海水、燃料、油、熱気その他これらに類するもの又はその航空機の積載物により損傷を受け、又は機能が低下することがないように設置されていなければならない。

(施31の2－2)

ウ　義務航空機局の送信設備は、次の有効通達距離をもつものでなければならない。　(法36、施31の3)

①　A3E電波118MHzから144MHzまでの周波数を使用する送信設備及びATCトランスポンダの送信設備

A3E電波118MHzから144MHzまでの周波数を使用する送信設備及びATCトランスポンダの送信設備については、370.4キロメートル（当該航空機の飛行する最高高度について、次に掲げる式により求められるDの値が370.4キロメートル未満のものにあっては、その値）以上であること。

$D = 3.8\sqrt{h}$ キロメートル

hは、当該航空機の飛行する最高高度をメートルで表した数とする。

② 機上DME、機上タカンの送信設備

航空機に設置する航空用DME（「機上DME」という。）及び航空機に設置するタカン（「機上タカン」という。）の送信設備については、314.8キロメートル（当該航空機の飛行する最高高度について、①に掲げる式により求められるDの値が314.8キロメートル未満のものにあっては、その値）以上であること。

③ 航空機用気象レーダーの送信設備

航空機用気象レーダーの送信設備については、当該航空機の最大巡航速度の区別に従い、次の表のとおりとする。

最大巡航速度	有効通達距離
毎時185.2キロメートル以下	46.3キロメートル以上
毎時370.4キロメートル以下	92.6キロメートル以上
毎時648.2キロメートル以下	138.9キロメートル以上
毎時926キロメートル以下	185.2キロメートル以上
毎時1,203.8キロメートル以下	231.5キロメートル以上
毎時1,203.8キロメートルを超えるもの	277.8キロメートル以上

④ ①、②及び③の送信設備であって、総務大臣が①、②及び③の規定によることが適当でないと認めたものについては、別に告示する。

(2) 一般的条件

ア 航空機局及び航空機地球局の無線設備は、次の条件に適合するものでなければならない。 （設45の5）

① 構造は、小型かつ軽量であって、取扱いが容易なものであること。

② 航空機の電気的設備であって重要なものの機能に障害を与え、又は他の設備によってその運用が妨げられるおそれのないものであること。

③ 航空機の通常の航行状態における温度、高度等の環境の条件

によって機能が低下することなく良好に動作すること。

④　空中線系は、風圧及び氷結に耐えること。

⑤　空中線、受話器及びマイクロホンの各回路を備える場合は、それぞれ直流通路で機体のボンデング系に接続されていること。

⑥　火災を生ずる危険が最も少ないものであること。

イ　航空機に搭載して使用する携帯局の無線設備は、できる限りアの条件に適合するものでなければならない。

(3)　空中線電力の割合

28MHz以下の周波数帯又は118MHzから142MHzまでの周波数帯において、同一空中線を使用し２以上の電波を発射する航空機局の送信装置の各周波数の空中線電力は、各型式ごとに当該周波数帯において空中線電力が最大となる周波数の空中線電力の50パーセント以上でなければならない。（設45の６）

(4)　雑音電界強度

1,606.5kHzから28,000kHzまでの周波数の電波を受信するための航空機局の受信設備が設けられる箇所における局部雑音電界強度は、当該受信周波数帯内において毎メートル５マイクロボルト以下を指針とする。（設45の７）

(5)　電源設備

ア　直流電源を使用する航空機局の電源設備は、その航空機の航行の安全のために最小限必要な無線設備を30分間以上連続して動作させることのできる性能を有する蓄電池を備え付けているものでなければならない。（設45の８－１）

イ　アにより備え付けられる蓄電池は、その航空機の航行中充電することができるものでなければならない。（設45の８－２）

ウ　滑空機に開設する航空機局の電源設備は、ア及びイの規定にかかわらず、別に告示する条件に適合するものでなければならない。

（設45の８－３）

(6) 切換装置等

ア　航空交通管制に関する通信を行う航空局及び航空機局の無線設備は、118MHz以下の周波数の電波を使用するものにあっては30秒以内に、118MHzから142MHzまでの周波数の電波を使用するものにあっては８秒以内に周波数の切換えができるものでなければならない。（設45の９-１）

イ　航空機局において、その航空機の航行中操作する必要がある制御器又は表示を確認する必要がある指示器は、着席のまま容易に操作又は確認することができるものであって、名称又は機能の表示を有し、かつ、適当に照明する装置を備え付けているものでなければならない。（設45の９-２）

ウ　航空局及び航空機局の受信装置は、なるべく、固定同調周波数切換方式のものでなければならない。（設45の９-３）

エ　アに規定する航空局及び航空機局以外の航空局及び航空機局の無線設備は、できる限りアの規定に従うものでなければならない。（設45の９-４）

(7) 変調度

ア　航空局及び航空機局の使用するＡ２Ａ電波、Ａ２Ｂ電波又はＡ２Ｄ電波の変調度は、85パーセント（選択呼出装置の出力信号による変調度にあっては、60パーセント）以上でなければならない。（設45の10-１）

イ　航空局及び航空機局の使用するＡ３Ｅ電波の通常の使用状態における変調度は、最大値において85パーセント以上でなければならない。（設45の10-２）

ウ　航空局及び航空機局の使用するＡ３Ｅ電波（118MHzから142MHzまでの周波数のものに限る。）の通常の使用状態における変調度は、イの規定によるほか、平均値において50パーセント以上でなければならない。（設45の10-３）

3.7.7　時分割・直交周波数分割多元接続方式携帯無線通信を行う無線局等の無線設備

(1)　時分割・直交周波数分割多元接続方式携帯無線通信を行う基地局の無線設備、時分割・直交周波数分割多元接続方式携帯無線通信を行う陸上移動局の無線設備又は時分割・直交周波数分割多元接続方式携帯無線通信設備の試験のための通信等を行う無線局の無線設備であって、2,010MHzを超え2,025MHz以下の周波数の電波を送信するものは、次のア及びイ（陸上移動中継局にあってはイ②に限る。）の条件に適合するものでなければならない。　（設49の６の７－１）

ア　一般的条件

①　通信方式は、基地局から陸上移動局へ送信を行う場合にあっては直交周波数分割多重方式と時分割多重方式を組み合わせた多重方式又は直交周波数分割多重方式、時分割多重方式と空間分割多重方式を組み合わせた多重方式を、陸上移動局から基地局へ送信する場合にあっては直交周波数分割多元接続方式と時分割多元接続方式を組み合わせた接続方式又は直交周波数分割多元接続方式、時分割多元接続方式と空間分割多元接続方式を組み合わせた接続方式を使用する複信方式であること。

②　基地局と通信を行う個々の陸上移動局の送信装置が自動的に識別されるものであること。

③　一の基地局の通話チャネルから他の基地局の通話チャネルへの切替えが自動的に行われること。

④　基地局の無線設備は、電気通信回線設備と接続できるものであること。

⑤　一の基地局の役務の提供に係る区域であって、当該役務を提供するために必要な電界強度が得られる区域は、当該区域のトラヒックに合わせ細分化ができること。

イ　送信装置の条件

①　変調方式は、２相位相変調、４相位相変調、16値直交振幅変

調、32値直交振幅変調、64値直交振幅変調又は256値直交振幅変調であること。

② 隣接チャネル漏えい電力、相互変調特性及び送信バースト長は、総務大臣が別に告示する条件に適合すること。

(2) (1)の基地局又は陸上移動中継局の無線設備は、(1)の条件のほか、次の条件に適合するものでなければならない。 （設49の6の7－2）

ア 空中線電力は、10ワット以下であること。

イ 送信空中線の絶対利得は、12デシベル以下であること。

ウ 搬送波を送信していないときの漏えい電力は、送信帯域の周波数帯で、空中線端子において（－）30デシベル（1ミリワットを0デシベルとする。）以下であること。

(3) (1)の陸上移動局の無線設備は、(1)の条件のほか、次の条件に適合するものでなければならない。 （設49の6の7－3）

ア (1)の基地局からの電波の受信電力の測定又は当該基地局からの制御情報に基づき空中線電力が必要最小限となるよう自動的に制御する機能を有すること。

イ 空中線電力は、0.2ワット以下であること。

ウ 送信空中線の絶対利得は、4デシベル以下であること。

エ 搬送波を送信していないときの漏えい電力は、送信帯域の周波数帯で、空中線端子において（－）30デシベル（1ミリワットを0デシベルとする。）以下であること。

3.7.8 5.8GHz帯、6GHz帯、6.4GHz帯又は6.9GHz帯の周波数の電波を使用する電気通信業務用固定局の無線設備

(1) 電気通信業務を行うことを目的として開設された固定局であって、5.85GHzを超え5.925GHz以下、6.425GHzを超え6.57GHz以下又は6.87GHzを超え7.125GHz以下の周波数の電波を使用するものの無線設備は、次に掲げる条件に適合するものでなければならない。

（設58の2の4－1）

ア　通信方式は、複信方式であること。

イ　変調方式は、４相位相変調、16値直交振幅変調若しくは直交周波数分割多重方式又はこれらの方式と同等以上の性能を有するものであること。

ウ　空中線電力は、２ワット以下であること。

エ　送信又は受信する電波の偏波は、水平偏波又は垂直偏波であること。

(2)　電気通信業務を行うことを目的として開設された固定局であって、5.925GHzを超え6.425GHz以下の周波数の電波を使用するものの無線設備は、次に掲げる条件に適合するものでなければならない。

（設58の２の４－２）

ア　通信方式は、単向通信方式又は複信方式であること。

イ　変調方式は、周波数変調（主搬送波をアナログ信号により変調するもの又はデジタル信号及びアナログ信号を複合した信号により変調するものに限る。）、４相位相変調、16値直交振幅変調若しくは直交周波数分割多重方式又はこれらの方式と同等以上の性能を有するものであること。

ウ　送信又は受信する電波の偏波は、水平偏波又は垂直偏波であること。

3.8　無線設備の機器の検定

(1)　次に掲げる無線設備の機器は、その型式について、総務大臣の行う検定に合格したものでなければ、施設してはならない。ただし、総務大臣が行う検定に相当する型式検定に合格している機器その他の機器であって総務省令で定めるものを施設する場合は、この限りでない。（法37、施11の４）

ア　電波法第31条の規定により備え付けなければならない周波数測定装置（3.6.3参照）

イ　船舶安全法第２条の規定に基づく命令により船舶に備えなければ

ばならないレーダー

ウ　船舶に施設する救命用の無線設備の機器（旅客船又は総トン数300トン以上の船舶であって、国際航海に従事するものに備える双方向無線電話、船舶航空機間双方向無線電話（旅客船に限る。）、衛星非常用位置指示無線標識、捜索救助用レーダートランスポンダ及び捜索救助用位置指示送信装置）

エ　義務船舶局に備えなければならない無線設備の機器（ウに掲げるものを除く。）(3.7.5.1参照)

オ　義務船舶局のある船舶に開設する船舶地球局の無線設備の機器

(3.7.5.4(2)参照)

カ　義務航空機局に設置する無線設備の機器

(2)　型式検定を要しない機器

(1)のただし書の総務省令で定める機器は、次のとおりとする。

（施11の５）

ア　外国において、無線機器型式検定規則で定める型式検定に相当するものと総務大臣が認める型式検定に合格しているもの

イ　その他総務大臣が別に告示するもの

(3)　検定は、無線機器型式規則に従って、申請を受理した機器について、構造及び性能の条件、機械的及び電気的条件の試験によって行われる。　（検定６－１）

(4)　マーク及び標章

合格機器には、無線機器型式検定規則別表第10号（略）に定めるマーク及び次に掲げる事項を記載した標章を付さなければならない。　（検定15）

ア　合格者の氏名又は名称

イ　機器の名称

ウ　機器の型式名

エ　検定番号及び型式検定合格の年月日

オ　当該機器の製造年月

カ　その他合格者が必要とする事項

3.9　無線設備の技術基準の策定等の申出

(1)　利害関係人は、総務省令で定めるところにより、電波法の規定により総務省令で定めるべき無線設備の技術基準について、原案を示して、これを策定し、又は変更すべきことを総務大臣に申し出ることができる。　（法38の２-１）

(2)　(1)の申出は、所定の事項（省略）を記載した申出書に、原案を添えて、総務大臣に提出することによって行わなければならない。

（施32の９の２-１）

3.10　特定無線設備の技術基準適合証明等

(1)　特定無線設備

小規模な無線局に使用するための無線設備であって総務省令で定めるものを「特定無線設備」という。　（法38の２の２）

総務省令で定める無線設備は、特定無線設備の技術基準適合証明等に関する規則第２条において、無線設備規則において技術的条件が規定されている各種の固定局、基地局、陸上移動局、携帯局、簡易無線局等の無線設備のものがある。

特定無線設備については、電波法第３章の２の規定による技術基準適合証明及び工事設計認証並びに特別特定無線設備の技術基準自己確認の制度がある。その概要は、(3)以下に示すとおりである。

この制度に関する総務省令で定める事項は、「特定無線設備の技術基準適合証明等に関する規則」に規定されている。

(2)　適合表示無線設備

技術基準適合証明等の制度により、特定無線設備について、電波法第３章に定める技術基準に適合していることの表示（下記(4)、(5)又は(6)の規定によるもの）が付されたものを「適合表示無線設備」という。　（法４②かっこ書）

なお、適合表示無線設備のみを使用する場合は、簡易な免許手続により又は手続を行わずに無線局の開設ができることとされている。 (法４②、③、法15、免15の４)

⑶ 登録証明機関の登録

ア 特定無線設備について、技術基準適合証明（電波法第３章に定める技術基準に適合していることの証明）の事業を行う者は、次に掲げる事業の区分ごとに、総務大臣の登録を受けることができる。 (法38の２の２-１)

① 免許を要しない無線局（2.1⑵②又は③のもの）に係る特定無線設備について技術基準適合証明を行う事業

② 特定無線局（2.4参照）に係る特定無線設備について技術基準適合証明を行う事業

③ ①又は②以外の特定無線設備について技術基準適合証明を行う事業

イ ⑴の登録を受けた者を「登録証明機関」という。 (法38の５-１)

⑷ 技術基準適合証明

ア 登録証明機関は、その登録に係る技術基準適合証明を受けようとする者から求めがあった場合には、総務省令で定めるところにより審査を行い、当該求めに係る特定無線設備が電波法第３章に定める技術基準に適合していると認めるときに限り、技術基準適合証明を行うものとする。 (法38の６-１)

イ 登録証明機関は、その登録に係る技術基準適合証明をしたときは、総務省令で定めるところにより、次に掲げる事項を総務大臣に報告しなければならない。 (法38の６-２)

① 技術基準適合証明を受けた者の氏名又は名称及び住所並びに法人にあっては、その代表者の氏名

② 技術基準適合証明を受けた特定無線設備の種別

③ その他総務省令で定める事項

ウ 登録証明機関は、その登録に係る技術基準適合証明をしたとき

は、総務省令で定めるところにより、その特定無線設備に技術基準適合証明をした旨の表示を付さなければならない。(法38の7－1)

(5)　工事設計認証

ア　登録証明機関は、特定無線設備を取り扱うことを業とする者から求めがあった場合には、その特定無線設備を、電波法に定める技術基準に適合するものとして、その工事設計について認証する。

(法38の24－1)

イ　アの認証を受けた者は、認証工事設計に基づく特定無線設備について、工事設計認証に係る確認の方法による検査を行い、検査記録を作成するなどの義務を履行したときは、当該特定無線設備に総務省令で定める表示を付することができる。(法38の26)

(6)　特別特定無線設備の技術基準適合自己確認

ア　特定無線設備のうち、無線設備の技術基準、使用の態様等を勘案して、他の無線局の運用を著しく阻害するような混信その他の妨害を与えるおそれが少ないものとして総務省令で定めるもの(「特別特定無線設備」という。)の製造業者又は輸入業者は、その特別特定無線設備を、電波法に定める技術基準に適合するものとして、その工事設計について自ら確認することができる。

(法38の33－1)

イ　製造業者又は輸入業者は、総務省令で定めるところにより検証を行い、その特別特定無線設備の工事設計が電波法に定める技術基準に適合するものであり、かつ、当該工事設計に基づく特別特定無線設備のいずれもが当該工事設計に合致するものとなることを確保することができると認めるときに限り、アの規定による確認(「技術基準適合自己確認」という。)を行うものとする。

(法38の33－2)

ウ　製造業者又は輸入業者は、技術基準適合自己確認をしたときは、所定の事項(省略)を総務大臣に届け出ることができる。

(法38の33－3)

エ　技術基準適合自己確認を行い、ウの事項を総務大臣に届け出た者は、届出工事設計に基づく特別特定無線設備について、自己確認の方法に従って検査を行い、検査記録を作成するなどの義務を履行したときは、当該特別特定無線設備に総務省令で定める表示を付することができる。（法38の35）

(7)　登録修理事業者

ア　特別特定無線設備の修理の事業を行う者は、総務大臣の登録を受けることができる。（法38の39－1）

イ　登録修理業者（アの登録を受けた者）は、その登録に係る修理を行う場合には、修理方法書に従い、修理及び修理の確認をしなければならない。（法38の43－1）

ウ　登録修理業者は、その登録に係る特別特定無線設備を修理する場合には、総務省令で定めるところにより、修理及び修理の確認の記録を作成し、これを保存しなければならない。（法38の43－2）

エ　登録修理業者は、その登録に係る特別特定無線設備を修理したときは、総務省令で定めるところにより、当該特別特定無線設備に修理をした旨の表示を付さなければならない。（法38の44－1）

付表　電波の型式の記号表示

電波の型式は、主搬送波の変調の型式、主搬送波を変調する信号の性質、伝送情報の型式をそれぞれ下表の記号をもって、かつ、その順序に従って表示する。　(施４の２－１)

例：位相変調で副搬送波を使用しないデジタル信号の単一チャネルの電話の電波の型式は、「Ｇ１Ｅ」と表示する。

主搬送波の変調の型式

分類			記号
無変調			N
振幅変調	両側波帯		A
振幅変調	単側波帯・全搬送波		H
振幅変調	〃・低減搬送波		R
振幅変調	〃・抑圧搬送波		J
振幅変調	独立側波帯		B
振幅変調	残留側波帯		C
角度変調	周波数変調		F
角度変調	位相変調		G
振幅変調及び角度変調であって同時に又は一定の順序で変調するもの			D
パルス変調	無変調パルス列		P
パルス変調	変調パルス列	振幅変調	K
パルス変調	変調パルス列	幅変調又は時間変調	L
パルス変調	変調パルス列	位置変調又は位相変調	M
パルス変調	変調パルス列	パルス期間中に搬送波を角度変調	Q
パルス変調	変調パルス列	上記の変調の組合せ又は他の方法による変調	V
上記に該当しないもので、振幅変調、角度変調又はパルス変調のうち２以上を組み合わせて、同時に、又は一定の順序で変調するもの			W
その他			X

主搬送波を変調する信号の性質

分類	記号
変調信号のないもの	0
デジタル信号の単一チャネルで変調のための副搬送波を使用しないもの	1
デジタル信号の単一チャネルで変調のための副搬送波を使用するもの	2
アナログ信号の単一チャネル	3
デジタル信号の２以上のチャネル	7
アナログ信号の２以上のチャネル	8
デジタル信号の１又は２以上のチャネルとアナログ信号の１又は２以上のチャネルを複合	9
その他	X

伝送情報の型式

分類	記号
無情報	N
電信（聴覚受信）	A
電信（自動受信）	B
ファクシミリ	C
データ伝送・遠隔測定・遠隔指令	D
電話（音響の放送を含む。）	E
テレビジョン（映像に限る。）	F
上記の型式の組合せ	W
その他	X

[演習問題]

解答：281ページ

3－1　次の記述は、電波の型式の記号「G7W」について述べたものである。電波法施行規則（第４条の２）の規定に照らし、[　　]内に適切な字句を記入せよ。

Ｇ７Ｗは、主搬送波の変調の型式は、[①]、主搬送波の信号の性質は、[②]、伝送情報の型式は、無情報、電信、ファクシミリ、データ伝送・遠隔測定・遠隔指令、電話（音響の放送を含む。）又はテレビジョン（映像に限る。）の[③]のものである。

3－2　次の記述は、電波の質及び受信設備の条件並びに無線設備の安全施設について述べたものである。電波法（第28条、第29条及び第30条）の規定に照らし、[　　]内に適切な字句を記入せよ。

(1)　送信設備に使用する電波の周波数の[①]及び[②]、[③]等電波の質は、総務省令で定めるところに適合するものでなければならない。

(2)　受信設備は、その副次的に発する[④]又は[⑤]が、総務省令で定める限度を超えて他の無線設備の機能に支障を与えるものであってはならない。

(3)　無線設備には、[⑥]に危害を及ぼし、又は物件に[⑦]を与えることがないように、総務省令で定める施設をしなければならない。

3－3　周波数測定装置の備付けに関する次の記述のうち、電波法（第31条及び第37条）及び電波法施行規則（第11条の３）の規定に照らし、これらの規定に定めるところに適合しないものを選べ。

①　総務省令で定める送信設備には、その誤差が使用周波数の許容偏差の２分の１以下である周波数測定装置を備え付けなければならない。

②　基幹放送局の送信設備であって、空中線電力50ワット以下のものには、電波法第31条（周波数測定装置の備付け）に規定する周波数測定装置の備付けを要しない。

③　26.175MHzを超える周波数の電波を利用する送信設備には、電波法第31条（周波数測定装置の備付け）に規定する周波数測定装置を備え付けなければならない。

④　空中線電力10ワット以下の送信設備には、電波法第31条（周波数測定装置の備付け）に規定する周波数測定装置の備付けを要しない。

⑤　電波法第31条（周波数測定装置の備付け）の規定により備え付けなければならない周波数測定装置は、その型式について、総務大臣の行う検定に合格したものでなければ、施設してはならない。ただし、総務大臣が行う検定に相当する型式検定に合格している機器その他の機器であって総務省令で定めるものを施設する場合は、この限りでない。

3-4　次の記述は、義務船舶局の無線設備の機器について述べたものである。電波法（第33条）の規定に照らし、［　　］内に適切な字句を記入せよ。

義務船舶局の無線設備には、総務省令で定める船舶及び［①］の区分に応じて、送信設備及び受信設備の機器、［②］自動通報設備の機器、［③］に関する情報を受信するための機器その他の総務省令で定める機器を備えなければならない。

3-5　次の記述は、人工衛星局の条件について述べたものである。電波法（第36条の2）の規定に照らし、［　　］内に適切な字句を記入せよ。

(1)　人工衛星局の無線設備は、遠隔操作により［①］を直ちに［②］することのできるものでなければならない。

(2)　人工衛星局は、その［③］を遠隔操作により変更することができるものでなければならない。ただし、総務省令で定める人工衛星局（対地静止衛星に開設する人工衛星局以外の人工衛星局）については、この限りでない。

3-6　次の記述は、空中線の型式及び構成について述べたものである。無線設備規則（第20条）の規定に照らし、［　　］内に適切な字句を記入せよ。

送信空中線の型式及び構成は、次の各号に適合するものでなければならない。

(1)　空中線の［①］及び能率がなるべく大であること。

(2)　［②］が十分であること。

(3)　満足な［③］が得られること。

第４章

無 線 従 事 者

4.1　無線設備の操作

4.1.1　無線設備の操作の原則

有限な電波の有効な利用を図り、かつ、無線通信の秩序を維持するためには、無線局の無線設備の操作を適切に行うことによって混信その他の妨害を抑制し、能率的な通信が行われることが必要である。そのために、無線設備の操作は、無線通信及び無線設備に関する知識及び技能を有する者によって行われるか、そのような者の監督の下に行われることが必要である。

したがって、電波法においては、無線設備の操作又はその監督を行う資格を定めて、適格者を無線従事者として免許し、これらの者をその業務に従事させることによって、電波の有効かつ能率的な利用を図ることとしたものである。

ただし、無線設備の簡易な操作であって、専門的な知識及び技能を必要としないと認められるものは、その規制の対象外としている。

4.1.2　無線設備の操作を行うことができる者

(1)　無線設備の操作を行うことができる無線従事者（義務船舶局等の無線設備であって総務省令で定めるものの操作については、船舶局無線従事者証明を受けている無線従事者）以外の者は、無線局（アマチュア無線局を除く。）の無線設備の操作の監督を行う者（「主任無線従事者」という。）として選任された者であってその届出がされたものにより監督を受けなければ、無線局の無線設備の操作（簡易な操作であって総務省令で定めるものを除く。）を行ってはならない。ただし、船舶又は航空機が航行中であるため無線従事者を補

充することができないとき、その他総務省令で定める場合は、この限りでない。（法39 - 1）

この規定により、無線局の無線設備の操作は、原則として、一定の資格を有する無線従事者又は無線従事者の資格を有しない者であって主任無線従事者の監督を受ける者に限って行うことができる。

（注）船舶局無線従事者証明については 4.7、主任無線従事者については 4.6 参照。

(2) (1)の規定に違反した者は、30万円以下の罰金に処する。（法113⑳）

4.1.3 無線従事者でなければ行ってはならない操作

(1) 次に掲げる無線設備の操作は、主任無線従事者の監督を受ける場合であっても無線従事者でなければ行ってはならない。

（法39 - 2、施34の2）

ア モールス符号を送り、又は受けるための通信

イ 海岸局、船舶局、海岸地球局又は船舶地球局の無線設備の通信操作で遭難通信、緊急通信又は安全通信に関するもの

ウ 航空局、航空機局、航空地球局又は航空機地球局の無線設備の通信操作で遭難通信又は緊急通信に関するもの

エ 航空局の無線設備の通信操作で次に掲げる通信の連絡の設定及び終了に関するもの（自動装置による連絡設定が行われる無線局の無線設備を除く。）

① 無線方向探知に関する通信

② 航空機の安全運航に関する通信

③ 気象通報に関する通信（②に掲げるものを除く。）

オ イからエまでに掲げるもののほか、総務大臣が別に告示（省略）するもの

(2) (1)の規定に違反した者は、30万円以下の罰金に処する。（法113⑳）

4.1.4　無線設備の簡易な操作

無線従事者の資格を要しない無線設備の簡易な操作は、次のとおりである。（施33）

(1)　無線局の免許を要しない無線局（登録局を除く。）の無線設備の操作

(2)　2.4.1(1)の特定無線局（電気通信業務を行うことを目的とする陸上移動局（例：携帯電話の端末）等）の無線設備の通信操作及び当該無線設備の外部の転換装置で電波の質に影響を及ぼさないものの技術操作

(3)　次に掲げる無線局の無線設備の操作で当該無線局の無線従事者の管理の下に行うもの

ア　船舶局（船上通信設備、双方向無線電話、船舶航空機間双方向無線電話、船舶自動識別装置（通信操作を除く。）及びVHFデータ交換装置（通信操作を除く。）に限る。）

イ　船上通信局

(4)　次に掲げる無線局（特定無線局に該当するものを除く。）の無線設備の通信操作

ア　陸上に開設した無線局（海岸局（イに掲げるものを除く。）、航空局、船上通信局、無線航行局及び海岸地球局並びに(5)エの航空地球局を除く。）

イ　海岸局（船舶自動識別装置及びVHFデータ交換装置に限る。）

ウ　船舶局（船舶自動識別装置及びVHFデータ交換装置に限る。）

エ　携帯局

オ　船舶地球局（船舶自動識別装置に限る。）

カ　航空機地球局（航空機の安全運航又は正常運航に関する通信を行わないものに限る。）

キ　携帯移動地球局

(5)　次に掲げる無線局（特定無線局に該当するものを除く。）の無線設備の連絡の設定及び終了（自動装置により行われるものを除く。）

に関する通信操作以外の通信操作で当該無線局の無線従事者の管理の下に行うもの

ア　船舶局（⑶ア及び⑷ウに該当する無線設備を除く。）

イ　航空機局

ウ　海岸地球局

エ　航空地球局（航空機の安全運航又は正常運航に関する通信を行うものに限る。）

オ　船舶地球局（電気通信業務を行うことを目的とするものに限る。）

カ　航空機地球局（⑷カに該当するものを除く。）

⑹　次に掲げる無線局（適合表示無線設備のみを使用するものに限る。）の無線設備の外部の転換装置で電波の質に影響を及ぼさないものの技術操作

ア　フェムトセル基地局

イ　特定陸上移動中継局

ウ　簡易無線局

エ　構内無線局

オ　無線標定陸上局その他の総務大臣が別に告示する無線局

⑺　次に掲げる無線局（特定無線局に該当するものを除く。）の無線設備の外部の転換装置で電波の質に影響を及ぼさないものの技術操作で他の無線局の無線従事者に管理されるもの

ア　基地局（陸上移動中継局の中継により通信を行うものに限る。）

イ　陸上移動局

ウ　携帯局

エ　簡易無線局（⑹に該当するものを除く。）

オ　VSAT地球局

カ　航空機地球局、携帯移動地球局その他の総務大臣が別に告示する無線局

⑻　⑴から⑺までに掲げるもののほか、総務大臣が別に告示するもの

4.1.5　アマチュア無線局の無線設備の操作

(1)　アマチュア無線局の無線設備の操作は、無線従事者でなければ行ってはならない。ただし、外国において電波法に定めるアマチュア無線技士の資格に相当する資格として総務省令（＊1）で定めるものを有する者が総務省令（＊2）で定めるところによりアマチュア無線局の無線設備の操作を行うとき、その他総務省令（＊3）で定める場合は、この限りでない。（法39の13）

(2)　(1)の総務省令（＊1）で定める資格は、外国政府（その国内において電波法に規定する資格を有する者に対しアマチュア局の無線設備の操作を認めるものに限る。）が付与する資格であって総務大臣が別に告示する資格とする。（施34の8）

(3)　(2)に定める資格を有する者が(1)の総務省令（＊2）のアマチュア局の無線設備の操作を行うときは、総務大臣が別に告示するところによらなければならない。（施34の9）

(4)　(1)の総務省令（＊3）で定める場合は、次のア及びイに掲げるとおりである。（施34の10）

ア　アマチュア局（人工衛星に開設するアマチュア局及び人工衛星に開設するアマチュア局の無線設備を遠隔操作するアマチュア局を除く。）の無線設備の操作をその操作ができる資格を有する無線従事者の指揮（立会い（これに相当する適切な措置を執るものを含む。）をするものに限る。）の下に行う場合であって、次に掲げる条件に適合するとき。

①　科学技術に対する理解と関心を高めることを目的として、一時的に行われるものであること。

②　当該無線設備の操作を指揮する無線従事者の行うことができる無線設備の操作（モールス符号を送り、又は受ける無線電信の操作を除く。）の範囲内であること。

③　当該無線設備の操作のうち、連絡の設定及び終了に関する通信操作については、当該無線設備の操作を指揮する無線従事者

が行うこと。

④　当該無線設備の操作を行う者が、法第５条第３項各号のいずれか又は法第42条第１号若しくは第２号に該当する者でないこと。

イ　臨時に開設するアマチュア局の無線設備の操作をその操作ができる資格を有する無線従事者の指揮の下に行う場合であって、総務大臣が別に告示する条件に適合するとき。

（参考）⑷における無線設備の操作を指揮する無線従事者については、当該無線設備の操作を行う者が無線技術に対する理解と関心を高めるとともに、当該操作に関する知識及び技能を習得できるよう、適切な働きかけに努めることとされている。

⑸　⑴の規定に違反した者は、30万円以下の罰金に処する。（法113⑳）

4.1.6　資格の種別

無線従事者の資格は、従事する分野の区分に応じて次のとおり規定されている。（法40－1、令2）

⑴　無線従事者（総合）

ア　第一級総合無線通信士

イ　第二級総合無線通信士

ウ　第三級総合無線通信士

⑵　無線従事者（海上）

ア　第一級海上無線通信士

イ　第二級海上無線通信士

ウ　第三級海上無線通信士

エ　第四級海上無線通信士

オ　政令で定める海上特殊無線技士（第一級海上特殊無線技士、第二級海上特殊無線技士、第三級海上特殊無線技士、レーダー級海上特殊無線技士）

⑶　無線従事者（航空）

ア　航空無線通信士

イ　政令で定める航空特殊無線技士（航空特殊無線技士）

(4)　無線従事者（陸上）

ア　第一級陸上無線技術士

イ　第二級陸上無線技術士

ウ　政令で定める陸上特殊無線技士（第一級陸上特殊無線技士、第二級陸上特殊無線技士、第三級陸上特殊無線技士、国内電信級陸上特殊無線技士）

(5)　無線従事者（アマチュア）

ア　第一級アマチュア無線技士

イ　第二級アマチュア無線技士

ウ　第三級アマチュア無線技士

エ　第四級アマチュア無線技士

4.2　無線設備の操作及び監督の範囲

４．１．６(1)から(4)までの資格を有する者の行い、又はその監督を行うことができる無線設備の操作の範囲及び４．１．６(5)の資格を有する者の行うことができる無線設備の操作の範囲は、資格別に政令（電波法施行令）で定められている。（法40－2）

この無線設備の操作の範囲は、通信操作と技術操作の区別、無線局の業務の区別、無線設備の区別（空中線電力、周波数等）等の要素によって区分されている。

特殊無線技士及びアマチュア無線技士を除く各資格の無線設備の操作の範囲は、次のとおりである。（令3－1抜粋）

(1)　第一級総合無線通信士

ア　無線設備の通信操作

イ　船舶及び航空機に施設する無線設備の技術操作

ウ　イに掲げる操作以外の操作で第二級陸上無線技術士の操作の範囲に属するもの

(2) 第二級総合無線通信士

ア 次に掲げる通信操作

① 無線設備の国内通信のための通信操作

② 船舶地球局、航空局、航空地球局、航空機局及び航空機地球局の無線設備の国際通信のための通信操作

③ 移動局（②に規定するものを除く。）及び航空機のための無線航行局の無線設備の国際通信のための通信操作（電気通信業務の通信のための通信操作を除く。）

④ 漁船に施設する無線設備（船舶地球局の無線設備を除く。）の国際電気通信業務の通信のための通信操作

⑤ 東は東経175度、西は東経94度、南は南緯11度、北は北緯63度の線によって囲まれた区域内における船舶（漁船を除く。）に施設する無線設備（船舶地球局の無線設備を除く。）の国際電気通信業務の通信のための通信操作

イ 次に掲げる無線設備の技術操作

① 船舶に施設する空中線電力500ワット以下の無線設備

② 航空機に施設する無線設備

③ レーダーで①及び②に掲げるもの以外のもの

④ ①から③までに掲げる無線設備以外の無線設備（基幹放送局の無線設備を除く。）で空中線電力250ワット以下のもの

⑤ 受信障害対策中継放送局（注１）及びコミュニティ放送局（注２）の無線設備の外部の転換装置で電波の質に影響を及ばさないもの

（注１） 受信障害対策中継放送局とは、受信障害対策中継放送（電波法第５条第５項に規定する受信障害対策中継放送をいう。）をする無線局をいう。 （令３-２⑤）

・受信障害対策中継放送とは、相当範囲にわたる受信の障害が発生している地上基幹放送及び当該地上基幹放送の電波に重畳して行う多重放送を受信し、そのすべての放送番組に変更を加えないで当該受信の障害が発生している区域において受信されることを目的として同時にその再放送をする基幹放送局のうち、当該障害に係る地上基

幹放送又は当該地上基幹放送の電波に重畳して行う多重放送をする無線局の免許を受けた者が行うもの以外のものをいう。　（法5-5）

（注2）　コミュニティ放送局とは、コミュニティ放送（放送法第93条第1項第7号に規定する超短波放送による一の市町村の全部若しくは一部の区域又はこれに準ずる区域として総務省令で定めるものにおいて受信されることを目的として行われるもの）をする無線局をいう。

（令3-2⑥）

ウ　アに掲げる操作以外の操作のうち、第一級総合無線通信士の操作の範囲に属するモールス符号による通信操作で第一級総合無線通信士の指揮の下に行うもの

⑶　第三級総合無線通信士

ア　漁船（専ら水産動植物の採捕に従事する漁船以外の漁船で国際航海に従事する総トン数300トン以上のものを除く。）に施設する空中線電力250ワット以下の無線設備（無線電話及びレーダーを除く。）の操作（国際電気通信業務の通信のための通信操作及び多重無線設備の技術操作を除く。）

イ　アに掲げる操作以外の操作で次に掲げるもの（国際通信のための通信操作及び多重無線設備の技術操作を除く。）

①　船舶に施設する空中線電力250ワット以下の無線設備（船舶地球局（電気通信業務を行うことを目的とするものに限る。）及び航空局の無線設備並びにレーダーを除く。）の操作（モールス符号による通信操作を除く。）

②　陸上に開設する無線局の空中線電力125ワット以下の無線設備（レーダーを除く。）の操作で次に掲げるもの

㋐　海岸局の無線設備の操作（漁業用の海岸局以外の海岸局のモールス符号による通信操作を除く。）

㋑　海岸局、海岸地球局、航空局、航空地球局、航空機のための無線航行局及び基幹放送局以外の無線局の無線設備の操作

③　次に掲げる無線設備の外部の転換装置で電波の質に影響を及ぼさないものの技術操作

(ア)　受信障害対策中継放送局及びコミュニティ放送局の無線設備

(イ)　レーダー

ウ　イに掲げる操作以外の操作で第三級陸上特殊無線技士の操作の範囲に属するもの

エ　ア及びイに掲げる操作以外の操作のうち、第二級総合無線通信士の操作の範囲に属するモールス符号による通信操作（航空局、航空地球局、航空機局、航空機地球局及び航空機のための無線航行局の無線設備の通信操作を除く。）で第一級総合無線通信士又は第二級総合無線通信士の指揮の下に行うもの（国際通信のための通信操作を除く。）

(4)　第一級海上無線通信士

ア　船舶に施設する無線設備（航空局の無線設備を除く。）並びに海岸局、海岸地球局及び船舶のための無線航行局の無線設備の通信操作（モールス符号による通信操作を除く。）

イ　次に掲げる無線設備の技術操作

①　船舶に施設する無線設備（航空局の無線設備を除く。）

②　海岸局及び海岸地球局の無線設備並びに船舶のための無線航行局の無線設備（①に掲げるものを除く。）で空中線電力２キロワット以下のもの

③　海岸局及び船舶のための無線航行局のレーダーで①及び②に掲げるもの以外のもの

(5)　第二級海上無線通信士

ア　船舶に施設する無線設備（航空局の無線設備を除く。）並びに海岸局、海岸地球局及び船舶のための無線航行局の無線設備の通信操作（モールス符号による通信操作を除く。）

イ　次に掲げる無線設備の外部の調整部分の技術操作並びにこれらの無線設備の部品の取替えのうち簡易なものとして総務大臣が告示で定めるもの及びこれらの無線設備を構成するユニットの取替

えに伴う技術操作

①　船舶に施設する無線設備（航空局の無線設備を除く。）

②　海岸局及び海岸地球局の無線設備並びに船舶のための無線航行局の無線設備（①に掲げるものを除く。）で空中線電力250ワット以下のもの

③　海岸局及び船舶のための無線航行局のレーダーで①及び②に掲げるもの以外のもの

(6)　第三級海上無線通信士

ア　船舶に施設する無線設備（航空局の無線設備を除く。）並びに海岸局、海岸地球局及び船舶のための無線航行局の無線設備の通信操作（モールス符号による通信操作を除く。）

イ　次に掲げる無線設備の外部の転換装置で電波の質に影響を及ぼさないものの技術操作

①　船舶に施設する無線設備（航空局の無線設備を除く。）

②　海岸局及び海岸地球局の無線設備並びに船舶のための無線航行局の無線設備（①に掲げるものを除く。）で空中線電力125ワット以下のもの

③　海岸局及び船舶のための無線航行局のレーダーで①及び②に掲げるもの以外のもの

(7)　第四級海上無線通信士

次に掲げる無線設備の操作（モールス符号による通信操作及び国際通信のための通信操作並びに多重無線設備の技術操作を除く。）

ア　船舶に施設する空中線電力250ワット以下の無線設備（船舶地球局（電気通信業務を行うことを目的とするものに限る。）及び航空局の無線設備並びにレーダーを除く。）

イ　海岸局及び船舶のための無線航行局の空中線電力125ワット以下の無線設備（レーダーを除く。）

ウ　海岸局、船舶局及び船舶のための無線航行局のレーダーの外部の転換装置で電波の質に影響を及ぼさないもの

⑻　航空無線通信士

ア　航空機に施設する無線設備並びに航空局、航空地球局及び航空機のための無線航行局の無線設備の通信操作（モールス符号による通信操作を除く。）

イ　次に掲げる無線設備の外部の調整部分の技術操作

①　航空機に施設する無線設備

②　航空局、航空地球局及び航空機のための無線航行局の無線設備で空中線電力250ワット以下のもの

③　航空局及び航空機のための無線航行局のレーダーで②に掲げるもの以外のもの

⑼　第一級陸上無線技術士

無線設備の技術操作

⑽　第二級陸上無線技術士

次に掲げる無線設備の技術操作

ア　空中線電力２キロワット以下の無線設備（テレビジョン基幹放送局の無線設備を除く。）

イ　テレビジョン基幹放送局の空中線電力500ワット以下の無線設備

ウ　レーダーでアに掲げるもの以外のもの

エ　ア及びウに掲げる無線設備以外の無線航行局の無線設備で960メガヘルツ以上の周波数の電波を使用するもの

⑾　上記のほか、第一級及び第二級総合無線通信士は、第一級アマチュア無線技士の操作範囲に属する操作、第三級総合無線通信士は、第二級アマチュア無線技士の操作範囲に属する操作、第一級、第二級、第三級及び第四級海上無線通信士、航空無線通信士並びに第一級及び第二級陸上無線技術士は、第四級アマチュア無線技士の操作範囲に属する操作を行うことができる。　（令３-５）

（参考）第四級アマチュア無線技士の操作範囲　（令３－３抜粋）

アマチュア無線局の無線設備で次に掲げるものの操作（モールス符号

による通信操作を除く。）
(1)　空中線電力10ワット以下の無線設備で21MHzから30MHzまで又は8MHz以下の周波数の電波を使用するもの
(2)　空中線電力20ワット以下の無線設備で30MHzを超える周波数の電波を使用するもの

4.3　無線従事者の免許

無線従事者の免許を取得するためには、先ず資格別に必要とされる無線従事者の知識及び技能の要件に適合しなければならない。知識及び技能が資格別に必要とされる要件に適合していると認められた場合は、無線従事者の免許の申請を行い、欠格事由に係る審査を経て免許が与えられる。

4.3.1　無線従事者の免許の要件

(1)　無線従事者になろうとする者は、総務大臣の免許を受けなければならない。（法41－１）

(2)　無線従事者の免許は、次のいずれかに該当する者でなければ、受けることができない。（法41－２、従30、33－１）

ア　資格別に行う無線従事者国家試験に合格した者

イ　総務省令で定める無線従事者の養成課程で、総務大臣が総務省令で定める基準に適合するものであることの認定をしたものを修了した者

ウ　学校教育法に基づく次の表の左欄に掲げる学校の区分に応じ、総務省令で定める無線通信に関する科目を修めて卒業した者（同法による専門職大学の前期課程にあっては、修了した者）（表の右欄は、免許の対象資格を示す。）

学校の区分	免許の対象資格
大学（短期大学を除く。）	第二級・第三級海上特殊無線技士、第一級陸上特殊無線技士
短期大学（学校教育法による専門職大学の前期課程を	第二級・第三級海上特殊無線技士、第二級陸上特殊無線技士

含む。）又は高等専門学校	
高等学校又は中等教育学校	第二級海上特殊無線技士、第三級陸上特殊無線技士

エ　アからウまでに掲げる者と同等以上の知識及び技能を有する者として総務省令で定める一定の資格及び業務経歴を有し、かつ、総務大臣が認定した講習課程（認定講習課程）を修了した者

対象資格は、次のとおりである。

第一級・第二級総合無線通信士

第一級・第二級・第三級・第四級海上無線通信士

第一級・第二級陸上無線技術士

また、第一級陸上無線技術士の認定講習課程を受講する場合の業務経歴は、次のとおりである。（他の資格は省略）

現に第一級総合無線通信士又は第二級陸上無線技術士の資格を有し、かつ、当該資格により無線局の無線設備（アマチュア局の無線設備を除く。）の操作に７年以上従事した経歴を有すること。

4.3.2　免許の申請

免許を受けようとする者は、所定の申請書に次に掲げる書類を添えて、総務大臣又は総合通信局長に提出しなければならない。（従46－1）

(1)　氏名及び生年月日を証する書類

(2)　医師の診断書（特定の場合であって、総務大臣又は総合通信局長が必要と認めるときに限る。）

(3)　写真（申請前６月以内に撮影した無帽、正面、上三分身、無背景の縦30ミリメートル、横24ミリメートルのもので、裏面に申請に係る資格及び氏名を記載したものとする。）　１枚

(4)　4.3.1イ、ウ及びエの養成課程の修了、学校の卒業、業務経歴等により免許を受けようとする場合は、それぞれ養成課程の修了証明書、科目履修証明書、履修内容証明書及び卒業証明書、業務経歴証明書、認定講習課程の修了証明書等

4.3.3　免許を与えない場合

⑴　次のいずれかに該当する者に対しては、無線従事者の免許は与えられない。（法42、従45－１）

ア　電波法に定める罪を犯し罰金以上の刑に処せられ、その執行を終わり、又はその執行を受けることがなくなった日から２年を経過しない者（総務大臣又は総合通信局長が特に支障がないと認めたものを除く。）

イ　無線従事者の免許を取り消され、取消しの日から２年を経過しない者（総務大臣又は総合通信局長が特に支障がないと認めたものを除く。）

ウ　視覚、聴覚、音声機能若しくは言語機能又は精神の機能の障害により無線従事者の業務を適正に行うに当たって必要な認知、判断及び意思疎通を適切に行うことができない者

⑵　⑴ウに該当する者であって、総務大臣又は総合通信局長がその資格の無線従事者が行う無線設備の操作に支障がないと認める場合は、その資格の免許が与えられる。（従45－２）

⑶　⑴ウに該当する者（精神の機能の障害により無線従事者の業務を適正に行うに当たって必要な認知、判断及び意思疎通を適切に行うことができない者を除く。）が次に掲げる資格の免許を受けようとするときは、⑵の規定にかかわらず、免許が与えられる。（従45－３）

第三級陸上特殊無線技士

第一級・第二級・第三級・第四級アマチュア無線技士

4.3.4　免許の付与及び免許証

⑴　免許の付与

ア　総務大臣又は総合通信局長は、免許を与えたときは、免許証を交付する。（従47－１）

イ　アの規定により免許証の交付を受けた者は、無線設備の操作に関する知識及び技術の向上を図るように努めなければならない。

（従47－2）

（参考）無線従事者の免許には有効期間はなく、終身免許である。

⑵　免許証の携帯義務

無線従事者は、その業務に従事しているときは、免許証を携帯していなければならない。（施38－11）

⑶　免許証の再交付

無線従事者は、氏名に変更を生じたとき又は免許証を汚し、破り、若しくは失ったために免許証の再交付を受けようとするときは、所定の申請書に次に掲げる書類を添えて総務大臣又は総合通信局長に提出しなければならない。（従50）

ア　免許証（免許証を失った場合を除く。）

イ　写真（写真の大きさ等は、免許の申請の場合に同じ。）　1枚

ウ　氏名の変更の事実を証する書類（氏名に変更を生じたときに限る。）

（参考）免許証の記載事項には、国籍、本籍地、住所等の記載はなく、変更の可能性のあるものは、氏名のみである。このため氏名を変更したときは、免許証の再交付が必要となる。また、免許証は、プラスチック製のカードであるため、訂正は行わず再交付される。

⑷　免許証の返納

ア　無線従事者は、免許の取消しの処分を受けたときは、その処分を受けた日から10日以内にその免許証を総務大臣又は総合通信局長に返納しなければならない。免許証の再交付を受けた後失った免許証を発見したときも同様とする。（従51－1）

イ　無線従事者が死亡し、又は失そうの宣告を受けたときは、戸籍法による死亡又は失そう宣告の届出義務者は、遅滞なく、その免許証を総務大臣又は総合通信局長に返納しなければならない。

（従51－2）

4.4　無線従事者国家試験

⑴　国家試験の基本的事項

ア　無線従事者国家試験は、無線設備の操作に必要な知識及び技能

について行う。（法44）

イ　無線従事者国家試験は、資格別に、毎年少なくとも１回総務大臣が行う。（法45）

ウ　総務大臣は、その指定する者（「指定試験機関」という。）に、無線従事者国家試験の実施に関する事務の全部又は一部を行わせることができる。（法46－１）

（参考）無線従事者国家試験の指定試験機関として公益財団法人日本無線協会が指定されている。

⑵　試験の方法

国家試験は、電気通信術の試験については実地により、その他の試験については筆記の方法又は電子計算機その他の機器を使用する方法によりそれぞれ行う。ただし、総務大臣又は総合通信局長が特に必要と認める場合は、他の方法によることができる。（従３）

⑶　試験科目

国家試験は、無線従事者の資格に応じ、それぞれ次に掲げる試験科目について行う。（従５－１）

第一級総合無線通信士及び第一級陸上無線技術士の試験科目を例示すると次のとおりである。

①　第一級総合無線通信士（従５－１①）

㋐　無線工学の基礎

電気物理、電気回路、半導体及び電子管、電子回路、電気磁気測定

㋑　無線工学Ａ

無線設備（空中線系を除く。以下同じ。）の理論、構造及び機能、無線設備のための測定機器の理論・構造及び機能、無線設備及び無線設備のための測定機器の保守及び運用

㋒　無線工学Ｂ

空中線系及び電波伝搬の理論・構造及び機能、空中線系等のための測定機器の理論・構造及び機能、空中線系及び空中線系

等のための測定機器の保守及び運用

㈓ 電気通信術

a モールス電信 1分間75字の速度の和文、1分間80字の速度の欧文暗語及び1分間100字の速度の欧文普通語によるそれぞれ約5分間の手送り送信及び音響受信

b 直接印刷電信 1分間50字の速度の欧文普通語による約5分間の手送り送信

c 電話 1分間50字の速度の欧文（運用規則別表第5号の欧文通話表によるものをいう。）による約2分間の送話及び受話

㈔ 法規

a 電波法及びこれに基づく命令（船舶安全法、航空法及び電気通信事業法並びにこれらに基づく命令の関係規定を含む。）

b 国際電気通信連合憲章、国際電気通信連合条約、無線通信規則、国際電気通信連合憲章に規定する国際電気通信規則（電気通信業務を取り扱う際の基本的規定に限る。）並びに海上における人命の安全のための国際条約（附属書の規定を含む。）、船員の訓練及び資格証明並びに当直の基準に関する国際条約（附属書の規定を含む。）及び国際民間航空条約（附属書の規定を含む。）（電波に関する規定に限る。）

㈕ 地理

主要な航路、航空路及び電気通信路を主とする世界地理

㈖ 英語

文書を十分に理解するために必要な英文和訳、文書により十分に意思を表明するために必要な和文英訳、口頭により十分に意思を表明するに足りる英会話

② 第一級陸上無線技術士 （従5－1⑭）

⑺　無線工学の基礎

電気物理の詳細、電気回路の詳細、半導体及び電子管の詳細、電子回路の詳細、電気磁気測定の詳細

⑴　無線工学Ａ

無線設備の理論・構造及び機能の詳細、無線設備のための測定機器の理論・構造及び機能の詳細、無線設備及び無線設備のための測定機器の保守及び運用の詳細

⑼　無線工学Ｂ

空中線系等の理論・構造及び機能の詳細、空中線系等のための測定機器の理論・構造及び機能の詳細、空中線系及び空中線系等のための測定機器の保守及び運用の詳細

⑽　法規

電波法及びこれに基づく命令の概要

⑷　試験の一部免除

ア　一定の国家試験において合格点を得た試験科目（電気通信術を除く。）のある者がその試験の行われた月の翌月の初めから起算して３年以内に実施されるその資格の国家試験を受ける場合は、申請により、その合格点を得た試験科目の試験が免除される。

（従6－1）

イ　一定の資格の国家試験において電気通信術の試験に合格点を得た者がその試験の行われた月の翌月の初めから起算して３年以内に実施される電気通信術の試験に合格した資格ごとに規定されている国家試験を受ける場合は、申請により、その電気通信術の試験が免除される。　（従6－2）

ウ　総務大臣の認定を受けた学校等を卒業した者（学校教育法による専門職大学の前期課程にあっては、修了した者）が当該学校等卒業の日（学校教育法による専門職大学の前期課程にあっては、修了した日）から３年以内に実施される国家試験を受ける場合、一定の無線従事者の資格を有する者若しくは一定の無線従事者の

資格及び業務経歴を有する者が他の資格の国家試験を受ける場合又は電気通信事業法の規定により電気通信主任技術者資格者証又は工事担任者資格者証の交付を受けている者が国家試験を受ける場合は、申請により、それぞれの規定に従って国家試験の一部が免除される。（従7、8）

4.5　無線従事者養成課程

4.3.1(2)イの養成課程の概要は、次のとおりである。

(1)　養成課程の種類

ア　長期型養成課程以外の養成課程（本項においては、「一般の養成課程」という。）

イ　長期型養成課程（総務大臣の認定を受けた高等学校、中等教育学校、大学及び高等専門学校その他の教育施設の教育課程（1年以上のものに限る。）に無線通信に関する科目を開設して行う養成課程をいう。）（従20）

(2)　養成課程の対象資格

養成課程の対象資格は、次のとおりである。（従20）

第三級・第四級海上無線通信士

第一級・第二級・第三級・レーダー級海上特殊無線技士

航空無線通信士

航空特殊無線技士

第一級・第二級・第三級・国内電信級陸上特殊無線技士

第二級・第三級・第四級アマチュア無線技士（長期型養成課程の対象外である。）

(3)　養成課程の認定の基準

一般の養成課程の認定の基準は、次のとおりである。（従21 - 1抜粋）

ア　養成課程の実施者

次のいずれかに該当する者で、総合通信局長がその養成課程を確実に実施できるものと認めるものが実施するものであること。

①　当該養成課程に係る資格の無線従事者の養成を業務とする者
②　その業務のために当該養成課程に係る資格の無線従事者の養成を必要とする者

イ　管理責任者の配置

総合通信局長がその養成課程の運営を厳正に管理することのできる者と認める管理責任者を置くものであること。

ウ　授業科目及び授業時間

養成課程の種別（その養成課程において養成しようとする無線従事者の資格の別をいう。）に応じ、無線従事者規則別表第6号に掲げる授業科目及び授業時間を設けるほか、総務大臣が別に告示する実施要領（省略）に準拠するものであること。

エ　講師等の要件

養成課程の種別及び担当する授業科目に応じ、無線従事者規則別表第7号に掲げる無線従事者の資格を有する者で、その経歴等からみて総合通信局長が適当と認めるものが講師等として授業に従事するものであること。

オ　教科書の要件

電気通信術以外の授業科目の授業においては、標準教科書（当該科目の授業に適するものとして総務大臣が別に告示した教科書）又はこれと同等以上の内容を有する教科書（電磁的方法により作成されたものにあっては、授業内容の進捗状況を管理する機能を有しているものに限る。）を使用するものであること。

カ　修了証明書の発行の要件

その養成課程の終了の際、総務大臣が別に告示するところにより、試験を実施して、その試験に合格した者に限り、養成課程の修了証明書を発行するものであること。

キ　受講資格

航空無線通信士又は第一級陸上特殊無線技士の資格の養成課程については、高等学校又は中等教育学校（第一級陸上特殊無線技士については電気科又は電気通信科に限る。）を卒業した者及びこれと同等以上の学力を有する者に限り、養成課程の履修を認めるものでなければならない。（従21－3）

（長期型養成課程の認定基準は省略）

4.6　主任無線従事者制度

⑴　主任無線従事者による監督

ア　主任無線従事者とは、無線局（アマチュア無線局を除く。）の無線設備の操作の監督を行う者である。（法39－1）

無線従事者の資格を有しない者であっても、主任無線従事者として選任された者であってその選任の届出がされたものにより監督を受ければ無線設備の操作を行うことができる。

イ　4.8⑶アによりその選任の届出がされた主任無線従事者の監督の下に無線設備の操作に従事する者は、当該主任無線従事者がその職務を行うために必要であると認めてする指示に従わなければならない。（法39－6）

⑵　主任無線従事者の要件

主任無線従事者は、無線局の無線設備の操作の監督を行うことができる無線従事者であって、次に掲げる非適格事由に該当しないものでなければならない。（法39－3、施34の3）

ア　4.3.3⑴アに該当する者であること。

イ　6.3.5⑴の規定により業務に従事することを停止され、その処分の期間が終了した日から３箇月を経過していない者であること。

ウ　主任無線従事者として選任される日以前５年間において無線局（無線従事者の選任を要する無線局でアマチュア局以外のものに限る。）の無線設備の操作又はその監督の業務に従事した期間が３箇月に満たない者であること。

⑶　主任無線従事者の職務

4.8⑶アにより、その選任の届出がされた主任無線従事者は、無

線設備の操作の監督に関し、次に掲げる主任無線従事者の職務を誠実に行わなければならない。（法39－5、施34の5）

ア　主任無線従事者の監督を受けて無線設備の操作を行う者に対する訓練（実習を含む。）の計画を立案し、実施すること。

イ　無線設備の機器の点検若しくは保守を行い、又はその監督を行うこと。

ウ　無線業務日誌その他の書類を作成し、又はその作成を監督すること（記載された事項に関し必要な措置を執ることを含む。）。

エ　主任無線従事者の職務を遂行するために必要な事項に関し免許人等に対して意見を述べること。（一部省略）

オ　その他無線局の無線設備の操作の監督に関し必要と認められる事項

⑷　講習

無線局（総務省令で定めるものを除く。）の免許人等は、4.8⑶アの規定によりその選任の届出をした主任無線従事者に、次に掲げる期間ごとに、無線設備の操作の監督に関し総務大臣の行う講習を受けさせなければならない。（法39－7、施34の７）

ア　選任したときは、選任の日から６箇月以内

イ　２回目以降は、アの講習を受けた日から５年以内ごと

⑸　指定講習機関

総務大臣は、その指定する者（「指定講習機関」という。）に、⑷の講習を行わせることができる。（法39の2）

（参考）指定講習機関として公益財団法人日本無線協会が指定されている。

4.7　船舶局無線従事者証明

⑴　制度化の経緯

船舶局無線従事者証明制度は、昭和42年に英仏海峡で生じた海難事故を契機として、航行の安全を確保するため船員の技能に関する国際基準の必要性が認識され、国際海事機関（IMO）において検討した結果、「1978年の船員の訓練及び資格証明並びに当直の基準に

関する国際条約（STCW条約）」が採択されたことに伴って、昭和57年の電波法改正により制度化された。

⑵　義務船舶局の無線設備の操作

4.1.2で述べたとおり義務船舶局等の無線設備であって総務省令で定めるものの操作については、船舶局無線従事者証明を受けている無線従事者でなければ行ってはならない。（法39－1）

総務省令で定める無線設備は、次のとおりである。（施32の10）

ア　次に掲げる船舶の義務船舶局の超短波帯の無線設備、中短波帯の無線設備並びに中短波帯及び短波帯の無線設備であって、デジタル選択呼出装置による通信及び無線電話又は狭帯域直接印刷電信装置による通信が可能なもの

①　旅客船（A１海域のみを航行するもの並びにA１海域及びA２海域のみを航行するものであって、国際航海に従事しないものを除く。）

②　旅客船及び漁船（専ら海洋生物を採捕するためのもの以外のもので国際航海に従事する総トン数300トン以上のものを除く。）以外の船舶（国際航海に従事する総トン数300トン未満のもの（A１海域のみを航行するもの並びにA１海域及びA２海域のみを航行するものに限る。）及び国際航海に従事しないものを除く。）

③　漁船（A１海域のみを航行するもの並びにA１海域及びA２海域のみを航行するものを除く。）

イ　アの①から③までに掲げる船舶のインマルサット船舶地球局の無線設備（インマルサットC型に限る。）

⑶　船舶局無線従事者証明の申請

⑵の義務船舶局等の無線設備の操作又はその監督を行おうとする者は、総務大臣に申請して、船舶局無線従事者証明を受けることができる。（法48の2－1）

(4)　船舶局無線従事者証明を行う要件

ア　総務大臣は、船舶局無線従事者証明を申請した者が、総務省令で定める無線従事者の資格を有し、かつ、次の各号の一に該当するときは、船舶局無線従事者証明を行わなければならない。

（法48の2－2）

①　総務大臣が当該申請者に対して行う義務船舶局等の無線設備の操作又はその監督に関する訓練の課程を修了したとき。

②　総務大臣が①の訓練の課程と同等の内容を有するものであると認定した訓練の課程を修了しており、その修了した日から５年を経過していないとき。

イ　アの総務省令で定める無線従事者の資格は、第一級総合無線通信士、第二級総合無線通信士、第三級総合無線通信士、第一級海上無線通信士、第二級海上無線通信士、第三級海上無線通信士又は第一級海上特殊無線技士とする。　（施34の11）

(5)　船舶局無線従事者証明の失効

船舶局無線従事者証明は、その船舶局無線従事者証明を受けた者がこれを受けた日以降において次のいずれかに該当するときは、その効力を失う。　（法48の３）

ア　その船舶局無線従事者証明に係る訓練の課程を修了した日から起算して５年を経過する日までの間総務省令で定める義務船舶局等の無線設備その他総務省令で定める無線局の無線設備の操作又はその監督の業務に従事せず、かつ、その期間内に総務大臣が義務船舶局等の無線設備の操作又はその監督に関して行う船舶局無線従事者証明を受けている者に対する訓練の課程又は総務大臣がこれと同等の内容を有するものであると認定した訓練の課程を修了しなかったとき。

イ　引き続き５年間アの業務に従事せず、かつ、その期間内にアの訓練の課程を修了しなかったとき。

ウ　(4)イの無線従事者の資格を有する者でなくなったとき。

エ　船舶局無線従事者証明の効力を停止され、その停止の期間が5年を超えたとき。

(6)　船舶局無線従事者証明の取消し

総務大臣は、船舶局無線従事者証明を受けている者が次のいずれかに該当するときは、その証明を取り消すことができる。（法79－2）

ア　電波法又は電波法に基づく命令又はこれらに基づく処分に違反したとき。

イ　不正な手段により証明を受けたとき。

4.8　無線従事者の配置等

(1)　義務船舶局に配置する無線従事者の資格及び員数

ア　旅客船又は総トン数300トン以上の船舶であって、国際航海に従事するものの義務船舶局には、遭難通信責任者（その船舶における遭難通信、緊急通信及び安全通信に関する事項を統括管理する者をいう。）として、総務省令で定める無線従事者であって、船舶局無線従事者証明を受けているものを配置しなければならない。（法50－1）

イ　次の表の左欄の義務船舶局等（無線設備について、その船舶の航行中に行う整備のために必要な計器及び予備品を備え付ける措置をとるもの（3.7.5.5(1)参照）に限る。）にあっては、右欄の無線従事者を配置しなければならない。（施36－1）

義務船舶局	無線従事者の資格別員数
1　A1海域、A2海域及びその他の海域を航行する船舶の義務船舶局等で国際航海に従事する旅客船のもの	第一級総合無線通信士又は第一級海上無線通信士で船舶局無線従事者証明を受けている者　1名
2　その他の義務船舶局等	第一級総合無線通信士又は第一級若しくは第二級海上無線通信士で船舶局無線従事者証明を受けている者　1名

(2)　一般の無線局の無線従事者の配置

(1)の義務船舶局以外の船舶局及びその他の無線局には、その無線

局の無線設備の操作を行い、又はその監督を行うために必要な無線従事者を配置しなければならない。（施36－2）

(3)　無線従事者の選解任届

ア　無線局の免許人等は、主任無線従事者を選任したときは、遅滞なく、その旨を総務大臣に届け出なければならない。これを解任したときも、同様とする。（法39－4）

イ　アの規定は、主任無線従事者以外の無線従事者の選任又は解任に準用する。（法51）

ウ　アの規定に違反して、届出をせず、又は虚偽の届出をした者は、30万円以下の罰金に処せられる。（法113㉑）

4.9　遭難通信責任者の要件

(1)　4.8(1)の遭難通信責任者に係る総務省令で定める無線従事者は、次のいずれかの資格を有する者とする。（施35の2－1）

ア　第一級総合無線通信士又は第一級海上無線通信士

イ　第二級海上無線通信士

ウ　第三級海上無線通信士

(2)　遭難通信責任者は、その無線局に選任されている無線従事者のうち、(1)アからウの順序に従い、できるだけ上位の資格を有する者とする。（施35の2－2）

(3)　船舶の責任者は、遭難通信責任者が病気その他やむを得ない事情によりその職務を行うことができないときは、その無線局に選任されている無線従事者のうちから遭難通信責任者に代わってその職務を行う者を指名することができる。（施35の2－3）

［演習問題］

解答：281 ページ

4－1　次の記述は、無線設備の操作について述べたものである。電波法（第39条）の規定に照らし、［　　］内に適切な字句を記入せよ。

無線設備の操作を行うことができる無線従事者以外の者は、［　①　］として選任され、その届出がされたものにより［　②　］を受けなければ、無線局の無線設備の操作（［　③　］であって総務省令で定めるものを除く。）を行ってはならない。

4－2　次の記述は、主任無線従事者の非適格事由について述べたものである。電波法（第39条）及び電波法施行規則（第34条の３）の規定に照らし、［　　］内に適切な字句を記入せよ。

主任無線従事者は、無線局の［　①　］を行うことができる無線従事者であって、次に掲げる非適格事由に該当しないものでなければならない。

(1)　電波法に規定する罪を犯し、罰金以上の刑に処せられ、その執行を終わり又はその執行を受けることがなくなった日から［　②　］を経過しない者に該当する者であること。

(2)　電波法の規定により［　③　］することを停止され、その処分の期間が終了した日から３箇月を経過していない者であること。

(3)　主任無線従事者として選任される日以前５年間において無線局の無線設備の操作又はその監督の業務に従事した期間が［　④　］に満たない者であること。

4－3　無線従事者の免許及び免許証に関する次の記述のうち、電波法（第41条）、電波法施行規則（第38条）及び無線従事者規則（第50条）の規定に照らし、これらの規定に適合しないものを選べ。

①　無線従事者になろうとする者は、総務大臣の免許を受けなければならない。

②　総務省令で定める無線従事者の養成課程で総務大臣が認定をしたものを修了した者は、無線従事者の免許を受けることができる。

③　無線従事者は、その業務に従事しているときは、免許証を携帯していなければならない。

④　無線従事者は、本籍地又は氏名を変更したときは、免許証の訂正を受けなければならない。

第５章
無線局の運用

無線局の運用とは、電波を発射し、又は受信して通信を行うことが中心であるが、電波は共通の空間を媒体としているため、無線局の運用が適正に行われるかどうかは、電波の能率的な利用に直接つながることになる。

電波法令では、電波の能率的な利用を図るため、無線局の運用においてすべての無線局に共通する事項を規定し、次に各無線局ごとに特徴的な事項を規定している。

5.1　免許状記載事項の遵守

(1)　目的、通信の相手方及び通信事項

無線局は、免許状に記載された目的又は通信の相手方若しくは通信事項（特定地上基幹放送局については放送事項）の範囲を超えて運用してはならない。ただし、次に掲げる通信については、この限りでない。（法52）

(注) 基幹放送局は、地上基幹放送局、衛星基幹放送局及び移動受信用地上基幹放送局に区分されるが、このうち自己の地上基幹放送の業務に用いる無線局を「特定地上基幹放送局」という。（法６－２）

ア　遭難通信（船舶又は航空機が重大かつ急迫の危険に陥った場合に遭難信号を前置する方法その他総務省令で定める方法により行う無線通信をいう。）

イ　緊急通信（船舶又は航空機が重大かつ急迫の危険に陥るおそれがある場合その他緊急の事態が発生した場合に緊急信号を前置する方法その他総務省令で定める方法により行う無線通信をいう。）

ウ　安全通信（船舶又は航空機の航行に対する重大な危険を予防す

るために安全信号を前置する方法その他総務省令で定める方法により行う無線通信をいう。)

エ　非常通信（地震、台風、洪水、津波、雪害、火災、暴動その他非常の事態が発生し、又は発生するおそれがある場合において、有線通信を利用することができないか又はこれを利用することが著しく困難であるときに人命の救助、災害の救援、交通通信の確保又は秩序の維持のために行われる無線通信をいう。)

オ　放送の受信

カ　その他総務省令で定める通信

総務省令で定める通信として、30数項目にわたって目的外使用が認められているが、その主なものは次のとおりである。

（施37抜粋）

① 無線機器の試験又は調整をするために行う通信

② 船位通報に関する通信

③ 港務用の無線局と船舶局との間で行う港内における船舶の交通、港内の整理若しくは取締り又は検疫のための通信

④ 海上保安庁の海上移動業務又は航空移動業務の無線局とその他の海上移動業務又は航空移動業務の無線局との間（海岸局と航空局との間を除く。）で行う海上保安業務に関し急を要する通信

⑤ 気象の照会又は時刻の照合のために行う海岸局と船舶局との間若しくは船舶局相互間又は航空局と航空機局との間若しくは航空機局相互間の通信

⑥ 国又は地方公共団体の飛行場管制塔の航空局と当該飛行場内を移動する陸上移動局又は携帯局との間で行う飛行場の交通の整理その他飛行場内の取締りに関する通信

⑦ 非常の場合の無線通信の訓練のために行う通信

⑧ 水防法第27条第２項、消防組織法第41条、災害救助法第11条、気象業務法第15条、災害対策基本法第57条又は第79条の規定に

よる通信

⑨　人命の救助又は人の生命、身体若しくは財産に重大な危害を及ぼす犯罪の捜査若しくはこれらの犯罪の現行犯人若しくは被疑者の逮捕に関し急を要する通信（他の電気通信系統によっては、当該通信の目的を達することが困難である場合に限る。）

⑵　無線設備の設置場所、識別信号、電波の型式及び周波数

無線局を運用する場合においては、無線設備の設置場所、識別信号、電波の型式及び周波数は、その無線局の免許状又は登録状（「免許状等」という。）に記載されたところによらなければならない。ただし、遭難通信については、この限りでない。（法53）

⑶　空中線電力

無線局を運用する場合においては、空中線電力は、次に定めるところによらなければならない。ただし、遭難通信については、この限りでない。（法54）

ア　免許状等に記載されたものの範囲内であること。

イ　通信を行うため必要最小のものであること。

⑷　運用許容時間

無線局は、免許状に記載された運用許容時間内でなければ、運用してはならない。ただし、⑴アからカに掲げる通信を行う場合及び総務省令で定める場合は、この限りでない。（法55）

⑸　罰則

上記⑴、⑵、⑶ア又は⑷の規定に違反して無線局を運用した者は、1年以下の懲役又は100万円以下の罰金に処する。（法110⑤）

5.2　混信等の防止

無線局は、次のものに対し、その運用を阻害するような混信その他の妨害を与えないように運用しなければならない。ただし、遭難通信、緊急通信、安全通信及び非常通信については、この限りでない。

（法56、施50の２）

⑴　他の無線局
⑵　電波天文業務（宇宙から発する電波の受信を基礎とする天文学のための当該電波の受信の業務をいう。）の用に供する受信設備（無線局のものを除く。）で総務大臣が指定するもの
⑶　宇宙無線通信の電波の受信を行う受信設備（無線局のものを除く。）で総務大臣が指定するもの

5.3　擬似空中線回路の使用

無線局は、次に掲げる場合には、なるべく擬似空中線回路を使用しなければならない。（法57）

⑴　無線設備の機器の試験又は調整を行うために運用するとき。
⑵　実験等無線局を運用するとき。（2.1⑵イ②参照）

5.4　通信の秘密の保護

⑴　憲法上の通信の秘密の保護

憲法第21条第２項には、「検閲は、これをしてはならない。通信の秘密はこれを侵してはならない。」と明文の規定により通信の秘密の保護が定められている。この場合の通信の秘密は、信書の秘密の他に電信、電話、無線電信、無線電話その他一切の通信の秘密が含まれる。

無線通信は、空間を媒体として伝搬する電波を利用するため、他人に受信されその内容を知られやすい弱点を有するものであり、通信の秘密の保障、信頼感のある電波利用社会の構築等の観点から、その秘密の保護については特に留意されなければならない。したがって、電波法においては、憲法の規定を受けて、無線通信の秘密の保護に関する特別の規定を設けている。

⑵　電波法上の通信の秘密の保護

ア　電波法は、「何人も法律に別段の定めがある場合を除くほか、特定の相手方に対して行われる無線通信（電気通信事業法に定め

る通信であるものを除く。）を傍受してその存在若しくは内容を漏らし、又はこれを窃用してはならない。」と規定している。（法59）

イ　条文中の用語の意味は、おおむね次のように解されている。

①　「傍受」とは、積極的意思をもって、自己に宛てられていない無線通信を受信すること。

②　「存在」とは、その通信の個別性を識別することができる情報を含むものである必要があり、具体的には、その周波数、電波の型式、入感時間、電信電話の別等が該当する。

③　「内容」とは、その通信が伝達しようとしている意思の認識である。

④　「窃用」とは、知ることのできる秘密（存在又は内容）を通信当事者の意思に反して、自己又は第三者の利益のために利用すること。

ウ　法律に別段の定めがある場合には、犯罪捜査の場合における通信書類の押収等の規定がある。

(3)　罰則

ア　通信の秘密の保護に関し、次のとおり罰則が定められている。

①　無線局の取扱中に係る無線通信の秘密を漏らし、又は窃用した者は、１年以下の懲役又は50万円以下の罰金に処する。

（法109－１）

②　無線通信の業務に従事する者がその業務に関し知り得た①の秘密を漏らし、又は窃用したときは、２年以下の懲役又は100万円以下の罰金に処する。（法109－２）

イ　暗号通信の秘密の保護に関する罰則は、次のとおりである。

（法109の２）

①　暗号通信を傍受した者又は暗号通信を媒介する者であって当該暗号通信を受信したものが、当該暗号通信の秘密を漏らし、又は窃用する目的で、その内容を復元したときは、１年以下の懲役又は50万円以下の罰金に処する。

② 無線通信の業務に従事する者が、①の罪を犯したとき（その業務に関し暗号通信を傍受し、又は受信した場合に限る。）は、２年以下の懲役又は100万円以下の罰金に処する。

③ ①及び②において「暗号通信」とは、通信の当事者（当該通信を媒介する者であって、その内容を復元する権限を有するものを含む。）以外の者がその内容を復元できないようにするための措置が行われた無線通信をいう。

④ ①及び②の未遂罪は、罰する。

5.5 時計、業務書類等の備付け

無線局には、正確な時計及び無線業務日誌その他総務省令で定める書類を備え付けておかなければならない。ただし、総務省令で定める無線局については、これらの全部又は一部の備付けを省略することができる。（法60）

5.5.1 時計

共通の空間を利用し、確実、かつ、能率的な通信が要求される無線通信の実施に際しては、通信時間や通信時刻の正確さが極めて重要となる。このため、無線局には、正確な時計を備え付けておかなければならない。（法60）

また、無線局に備え付けた時計は、その時刻の正確性を維持するために、その時刻を毎日１回以上中央標準時又は協定世界時に照合しておかなければならない。（運３）

5.5.2 業務書類

(1) 備付けを要する業務書類

電波法第60条の規定により無線局に備え付けておかなければならない書類は、次のとおりである。（施38－１）

無　線　局	業　務　書　類
1　船舶局及び船舶地球局	(1)　免許状 (2)　無線局の免許の申請書の添付書類の写し（再免許を受けた無線局にあっては、最近の再免許の申請に係るもの並びに無線局免許手続規則の規定により提出を省略した添付書類と同一の記載内容を有する添付書類の写し及び提出を省略した工事設計書と同一の記載内容を有する工事設計書の写し） (3)　予備免許中の工事設計の変更、予備免許中の指定事項の変更及び免許後の目的、通信の相手方、通信事項等の変更並びに指定事項の変更の申請書及び届出書の添付書類の写し（再免許を受けた無線局にあっては、最近の再免許後の変更に係るもの） (4)　船舶の所有者、用途、総トン数、航行区域等の船舶に関する事項の変更の届出書に添付した書類の写し（◎）（船舶局の場合に限る。） (5)　無線従事者選解任届の写し（◎） (6)　船舶局の局名録及び海上移動業務識別の割当表（◎）（義務船舶局等の場合に限る。） (7)　海岸局及び特別業務の局の局名録（◎）（国際航海に従事する船舶の義務船舶局等の場合に限る。） (8)　海上移動業務及び海上移動衛星業務で使用する便覧（◎）（国際通信を行う船舶局及び船舶地球局の場合に限る。） (9)　船舶の所有者又は主たる停泊港の変更の届出書に添付した書類の写し（◎）（船舶地球局の場合に限る。） (10)　電波法第35条の規定（3.7.5.5参照）によりとることとした措置に応じて総務大臣が別に告示する書類（◎）
2　海岸局及び海岸地球局	(1)　免許状 (2)　１の項の(2)及び(3)に掲げる書類 (3)　１の項の(6)に掲げる書類（◎）（26.175MHzを超える周波数の電波を使用する海岸局にあっては、電気通信業務用又は港務用の海岸局の場合に限る。） (4)　１の項の(8)に掲げる書類（◎）（国際通信を行う海岸局及び海岸地球局の場合に限る。）
3　航空機局及び航空機地球局（航空機の安全運航又は正常運航に関する通信を行うものに限る。）	(1)　免許状 (2)　１の項の(2)及び(3)に掲げる書類 (3)　航空機の所有者、用途、型式、航行区域、定置場、登録記号等の航空機に関する事項の変更の届書の添付書類の写し（◎）（航空機地

	球局にあっては、電気通信業務を行うことを目的とするもの以外のものの場合に限る。） (4) 国際電気通信連合憲章、国際電気通信連合条約及び無線通信規則並びに国際民間航空機関により採択された通信手続（◎）(国際通信を行う航空機局及び航空機地球局の場合に限る。） (5) 航空機の所有者又は定置場の変更届の写し（◎）（電気通信業務を行うことを目的とする航空機地球局の場合に限る。）
4 航空局及び航空地球局（航空機の安全運航又は正常運航に関する通信を行うものに限る。）	(1) 免許状 (2) 1の項の(2)及び(3)に掲げる書類 (3) 3の項の(4)に掲げる書類（◎）(国際通信を行う航空局及び航空地球局の場合に限る。）
5 アマチュア局	(1) 免許状 (2) 無線局の免許の申請書の添付書類の写し（再免許を受けた無線局にあっては、最近の再免許の申請に係るもの）(人工衛星等のアマチュア局の場合に限る。） (3) 1の項の(3)に掲げる書類（人工衛星等のアマチュア局の場合に限る。）
6 陸上移動局、携帯局、航空機地球局（3の項に掲げる航空機地球局を除く。)、携帯移動地球局、簡易無線局及び構内無線局	免許状
7 基幹放送局	(1) 免許状 (2) 無線局の免許の申請書の添付書類の写し（再免許を受けた無線局にあっては、最近の再免許の申請に係るもの並びに無線局免許手続規則の規定により無線局事項書の記載を省略した部分を有する無線局事項書（その記載を省略した部分のみのものとする。）及び提出を省略した工事設計書と同一の記載内容を有する工事設計書の写し） (3) 1の項の(3)に掲げる書類
8 遭難自動通報局、船上通信局、無線航行移動局及び無線標定移動局	(1) 免許状 (2) 1の項の(2)及び(3)に掲げる書類 (3) 1の項の(9)に掲げる書類（◎）(遭難自動通報局（携帯用位置指示無線標識のみを設置するものを除く。）及び無線航行移動局の場合に限る。）
9 その他の無線局	(1) 免許状 (2) 1の項の(2)及び(3)に掲げる書類

(注) ◎を付した書類及び電子申請を行った無線局の免許の申請書の添付書類等については、当該書類等に係る電磁的記録を必要に応じ直ちに表示することができる方法をもって備付けとすることができる。(施行38-1、-7)

⑵　時計、業務書類等の省略

ア　時計、無線業務日誌及び⑴に規定する書類の全部又は一部について、その備付けを省略できる無線局は、総務大臣が別に告示（注）する。（施38の２-１）

イ　登録局にあっては、時計及び無線業務日誌の備付けを省略することができる。（施38の２-２）

ウ　無線業務日誌又は⑴に規定する書類であって、その無線局に備え付けておくことが困難であるか又は不合理であるものについては、総務大臣が別に指定する場所（登録局にあっては、登録人の住所）に備え付けておくことができる。（施38の３-１）

エ　ウの場合において、総務大臣が無線局ごとに備え付ける必要がないと認めるものについては、同一の免許人等に属する一の無線局に備え付けたものを共用することができる。（施38の３-２）

オ　エの規定は、２以上の無線局が無線設備を共用している場合の当該無線局に備え付けなければならない時計、無線業務日誌又は⑴に規定する書類（「時計等」という。）について準用する。

（施38の３-３）

カ　同一の船舶又は航空機を設置場所とする２以上の無線局において当該無線局に備え付けなければならない時計等であって総務大臣が無線局ごとに備え付ける必要がないと認めるものについては、いずれかの無線局に備え付けたものを共用することができる。

（施38の３-４）

キ　ウからカの無線局その他必要な事項は、総務大臣が別に告示（注）する。（施38の３-５）

（注）昭和35年郵政省告示第1017号（省略）

5.5.3　免許状

免許状は、無線局の合法性を証明するものであり、また、無線局を運用する場合の中心的な指標である。

(1) 備付け及び掲示の義務

ア　5.5.2(1)のとおり、無線局には免許状を備え付けておかなければならない。なお、免許状のスキャナ保存で備付けに代えることができる（ただし、イの無線局は除く。）。（施38－1、－4）

イ　船舶局、無線航行移動局又は船舶地球局にあっては、免許状は、主たる送信装置のある場所の見やすい箇所に掲げておかなければならない。ただし、掲示を困難とするものについては、掲示を要しない。（施38－2）

ウ　陸上移動局、携帯局、携帯移動地球局、移動する実験試験局（宇宙物体に開設するものを除く。）等にあっては、その無線設備の常置場所に免許状を備え付けなければならない。（施38－3）

(2) 訂正

ア　免許人は、免許状に記載した事項に変更を生じたときは、その免許状を総務大臣に提出し、訂正を受けなければならない。（法21）

イ　免許人は、免許状の訂正を受けようとするときは、所定の事項を記載した申請書を総務大臣又は総合通信局長に提出しなければならない。（免22－1）

ウ　免許状の訂正の申請があった場合において、総務大臣又は総合通信局長は、新たな免許状の交付による訂正を行うことがある。

（免22－3）

エ　免許人は、新たな免許状の交付を受けたときは、遅滞なく旧免許状を返さなければならない。（免22－5）

(3) 再交付

ア　免許人は、免許状を破損し、汚し、失った等のために、免許状の再交付を申請しようとするときは、所定の事項を記載した申請書を総務大臣又は総合通信局長に提出しなければならない。

（免23－1）

イ　免許人は、免許状の交付を受けたときは、遅滞なく旧免許状を返さなければならない。ただし、免許状を失った等のためこれを

返すことができないときは、この限りでない。（免23－３）

⑷　返納

無線局の免許がその効力を失ったときは、免許人であった者は、１箇月以内にその免許状を返納しなければならない。（法24）

5.5.4　無線業務日誌

5.5.4.1　記載事項

⑴　無線局に備え付けた無線業務日誌には、毎日次に掲げる事項を記載しなければならない。ただし、総務大臣又は総合通信局長が特に必要がないと認めた場合は、記載の一部を省略することができる。

（施40－１）

ア　海上移動業務、航空移動業務若しくは無線標識業務を行う無線局（船舶局又は航空機局と交信しない無線局及び船上通信局を除く。）又は海上移動衛星業務若しくは航空移動衛星業務を行う無線局（航空機の安全運航又は正常運航に関する通信を行わないものを除く。）

①　無線従事者（主任無線従事者の監督を受けて無線設備の操作を行う者を含む。）の氏名、資格及び服務方法（変更のあったときに限る。）

②　通信のたびごとに次の事項（船舶局、航空機局、船舶地球局及び航空機地球局にあっては、遭難通信、緊急通信、安全通信その他無線局の運用上重要な通信に関するものに限る。）

㋐　通信の開始及び終了の時刻

㋑　相手局の識別信号

㋒　自局及び相手局の使用電波の型式及び周波数

㋓　使用した空中線電力

㋔　通信事項の区別及び通信事項別通信時間

㋕　相手局から通知を受けた事項の概要

㋖　遭難通信、緊急通信、安全通信及び非常の場合の無線通信

(6.4.4参照）の概要（遭難通信については、その全文）並びにこれに対する措置の内容

(ク) 空電、混信、受信感度の減退等の通信状態

③ 発射電波の周波数の偏差を測定したときは、その結果及び許容偏差を超える偏差があるときは、その措置の内容

④ 機器の故障の事実、原因及びこれに対する措置の内容

⑤ 電波の規正について指示を受けたときは、その事実及び措置の内容

⑥ 電波法及びこれに基づく命令の規定に違反して運用した無線局を認めたときは、その事実

⑦ その他参考となる事項

イ 基幹放送局

① アの①及び③から⑤までに掲げる事項

② 使用電波の周波数別の放送の開始及び終了の時刻（短波放送を行う基幹放送局の場合に限る。）

③ 緊急警報信号を使用して放送したときは、そのたびごとにその事実

④ 予備送信機又は予備空中線を使用した場合は、その時間

⑤ 運用許容時間中において任意に放送を休止した時間

⑥ 放送が中断された時間

⑦ 遭難通信、緊急通信、安全通信及び非常の場合の無線通信を行ったときは、そのたびごとにその通信の概要及びこれに対する措置の内容

⑧ その他参考となる事項

ウ 非常局

① アの①に掲げる事項

② 非常の場合の無線通信の実施状況の詳細及びこれに対する措置の内容

③ 空電、混信、受信感度の減退等の通信状態

④　アの③から⑥までに掲げる事項

⑤　その他参考となる事項

(2)　局種別の追加記載事項

次の無線局の無線業務日誌には、(1)ア又はウの記載事項のほか、それぞれ次に掲げる事項を併せて記載しなければならない。ただし、総務大臣又は総合通信局長が特に必要がないと認めた場合は、記載事項の一部を省略することができる。（施40－２抜粋）

ア　海岸局

①　時計を標準時に合わせたときは、その事実及び時計の遅速

②　船舶の位置、方向その他船舶の安全に関する事項の通信であって船舶局から受信したものの概要

イ　船舶局

①　時計を標準時に合わせたときは、その事実及び時計の遅速

②　船舶の位置、方向、気象状況その他船舶の安全に関する事項の通信の概要

③　自局の船舶の航程（発着又は寄港その他の立ち寄り先の時刻及び地名等を記載すること。）

④　自局の船舶の航行中正午及び午後８時におけるその船舶の位置

⑤　運用規則に規定する機能試験の結果の詳細

⑥　無線局が外国において、あらかじめ総務大臣が告示した以外の運用の制限をされた場合は、その事実及び措置の内容

⑦　送受信装置の電源用蓄電池の維持及び試験の結果の詳細

⑧　レーダーの維持の概要及びその機能上又は操作上に現れた特異現象の詳細

ウ　航空局

①　運用義務時間中における聴守周波数

②　時計を標準時に合わせたときは、その事実及び時計の遅速

エ　航空機局

① 運用義務時間中における聴守周波数

② 無線局が外国において、あらかじめ総務大臣が告示した以外の運用の制限をされた場合は、その事実及び措置の内容

③ レーダーの維持の概要及びその機能上又は操作上に現れた特異現象の詳細

（注１）海岸地球局、船舶地球局、航空地球局、航空機地球局等については、記載を省略した。

（注２）電波法施行規則第38条の２の規定に基づく告示（注）により、無線業務日誌の備付けを省略することができる無線局が定められている。
（注）昭和35年郵政省告示第1017号（省略）

5.5.4.2 時刻の記載方法

無線業務日誌に記載する時刻は、次に掲げる区別によるものとする。（施40－3）

⑴ 船舶局、航空機局、船舶地球局、航空機地球局又は国際通信を行う航空局においては、協定世界時（国際航海に従事しない船舶の船舶局若しくは船舶地球局又は国際航空に従事しない航空機の航空機局若しくは航空機地球局であって、協定世界時によることが不便であるものにおいては、中央標準時によるものとし、その旨表示すること。）

⑵ ⑴以外の無線局においては、中央標準時

5.5.4.3 無線業務日誌の保存期間

使用を終った無線業務日誌は、使用を終った日から２年間保存しなければならない。（施40－4）

5.5.4.4 電磁的方法による記録

⑴ 免許人は、無線業務日誌については、電磁的方法により記録することができる。この場合においては、当該記録を必要に応じ電子計算機その他の機器を用いて直ちに作成、表示及び書面への印刷ができなければならない。（施43の5－1）

⑵　無線業務日誌の記載事項（5.5.4.1参照）のうち通信のたびごとに記載する事項（一部のもの（略）を除く。）等については音声により記録することができる。この場合において、⑴後段の規定にかかわらず、当該記録を必要に応じて電子計算機その他の機器を用いて再生できなければならない。（施43の５－２）

5.6　一般通信方法等

5.6.1　通信方法の統一の必要性

無線通信を適正かつ円滑に行い、電波の能率的な利用を確保するためには、呼出し及び応答その他の通信方法について統一を図ることが必要である。特に海上移動業務、航空移動業務及び宇宙無線通信の業務においては、全世界的に共通の通信システム及び周波数を使用しているため、必要不可欠である。

このため、国際電気通信連合、国際海事機関、国際民間航空機関等の国際機関においては、条約、規則等において国際的に統一した通信方式や通信方法を定めている。

電波法令においては、これらの国際的な通信方法等に準拠するとともに、我が国の電波の利用実態に適合した通信方法等について整合を図り、統一的な通信方法を規定している。

5.6.2　無線通信の原則

無線局は、無線通信を行うときは、次のことを守らなければならない。（運10）

⑴　必要のない無線通信は、これを行ってはならない。

⑵　無線通信に使用する用語は、できる限り簡潔でなければならない。

⑶　無線通信を行うときは、自局の識別信号を付して、その出所を明らかにしなければならない。

⑷　無線通信は、正確に行うものとし、通信上の誤りを知ったときは、直ちに訂正しなければならない。

5.6.3　業務用語

無線通信を簡潔にかつ正確に行うためには、これに使用する業務用語等を定める必要がある。また、業務用語は、その定められた意義で定められた手続どおりに使用されなければその目的を達成することはできない。このため無線局運用規則は、次のとおり規定している。

(1)　無線電信通信の業務用語には、別表（省略）に定める無線電信通信の略符号を使用するものとする。ただし、デジタル選択呼出通信及び狭帯域直接印刷電信通信については、この限りではない。（運13－1）

(2)　無線電話通信の業務用語には、別表（章末参照）に定める無線電話通信の略語を使用するものとする。（運14－1）

(3)　無線電話通信においては、(2)の略語と同意義の他の語辞を使用してはならない。ただし、無線電信通信の略符号（「QRT」、「QUM」、「QUZ」、「$\overline{\text{DDD}}$」、「$\overline{\text{SOS}}$」、「TTT」及び「XXX」を除く。）の使用を妨げない。（運14－2）

(4)　海上移動業務又は航空移動業務の無線電話通信において固有の名称、略符号、数字、つづりの複雑な語辞等を1字ずつ区切って送信する場合及び航空移動業務の航空交通管制に関する無線電話通信において数字を送信する場合は、別表（省略）に定める欧文通話表を使用しなければならない。（運14－3）

(5)　海上移動業務及び航空移動業務以外の業務の無線電話通信においても、語辞を1字ずつ区切って送信する場合は、なるべく(4)の通話表を使用するものとする。（運14－4）

(6)　海上移動業務及び海上移動衛星業務の無線電話による国際通信においては、なるべく国際海事機関が定める標準海事航海用語を使用するものとする。（運14－5）

(7)　航空移動業務及び航空移動衛星業務の無線電話による国際通信においては、なるべく国際民間航空機関が定める略語及び符号を使用するものとする。（運14－6）

5.6.4　送信速度等

(1)　無線電話通信における通報の送信は、語辞を区切り、かつ、明瞭に発音して行なわなければならない。（運16－1）

(2)　遭難通信、緊急通信又は安全通信に係る通報の送信速度は、受信者が筆記できる程度のものでなければならない。（運16－2）

5.6.5　無線電話通信に対する準用等

(1)　無線電話通信の方法については、特に規定があるものを除いて、無線電信通信の方法に関する規定を準用する。（運18－1）

(2)　無線局の通信方法については、無線局運用規則の規定によることが著しく困難であるか又は不合理である場合は、別に告示する方法によることができる。（運18の２）

5.6.6　発射前の措置

(1)　無線局は、相手局を呼び出そうとするときは、電波を発射する前に、受信機を最良の感度に調整し、自局の発射しようとする電波の周波数その他必要と認める周波数によって聴守し、他の通信に混信を与えないことを確かめなければならない。ただし、遭難通信、緊急通信、安全通信及び非常の場合の無線通信を行う場合並びに海上移動業務以外の業務において他の通信に混信を与えないことが確実である電波により通信を行う場合は、この限りでない。（運19の２－１）

(2)　(1)の場合において、他の通信に混信を与えるおそれがあるときは、その通信が終了した後でなければ呼出しをしてはならない。（運19の２－２）

5.6.7　連絡設定の方法

(1)　呼出し

呼出し（航空移動業務のものを除く無線電話の場合）は、順次送信する次に掲げる事項（「呼出事項」という。）によって行うものと

する。（運20－1、14－1、18－1、58の11－1）

ア　相手局の呼出名称（又は呼出符号）　3回以下

イ　こちらは　1回

ウ　自局の呼出名称（又は呼出符号）　3回以下

なお、海上移動業務については、呼出事項に引き続き順次送信すべき事項が別途定められている。（運20－2）

(2)　呼出しの反復及び再開

ア　海上移動業務における呼出しは、1分間以上（無線電話の場合は2分間）の間隔をおいて2回反復することができる。呼出しを反復しても応答がないときは、少なくとも3分間の間隔をおかなければ、呼出しを再開してはならない。

（運21－1、18－1、58の11－1）

イ　海上移動業務における呼出し以外の呼出しの反復及び再開は、できる限りアの規定に準じて行うものとする。（運21－2）

なお、航空移動業務における呼出しの反復については、別途特則がある。（運154の3）

(3)　呼出しの中止

ア　無線局は、自局の呼出しが他の既に行われている通信に混信を与える旨の通知を受けたときは、直ちにその呼出しを中止しなければならない。無線設備の機器の試験又は調整のための電波の発射についても同様とする。（運22－1）

イ　アの通知をする無線局は、その通知をするに際し、分で表わす概略の待つべき時間を示すものとする。（運22－2）

(4)　応答

ア　無線局は、自局に対する呼出しを受信したときは、直ちに応答しなければならない。（運23－1）

イ　呼出しに対する応答（航空移動業務のものを除く無線電話の場合）は、順次送信する次に掲げる事項（「応答事項」という。）によって行うものとする。（運23－2、14－1、18－1、58の11－2）

①	相手局の呼出名称（又は呼出符号）	３回以下
②	こちらは	１回
③	自局の呼出名称（又は呼出符号）	３回以下

ウ　イの応答に際して直ちに通報を受信しようとするときは、応答事項の次に「どうぞ」を送信するものとする。ただし、直ちに通報を受信することができない事由があるときは、「どうぞ」の代りに「お待ちください」及び分で表わす概略の待つべき時間を送信するものとする。概略の待つべき時間が10分以上のときは、その理由を簡単に送信しなければならない。（運23－3、14－1、18－1）

⑸　受信状態の通知

応答する場合（無線電話の場合）において、受信上特に必要があるときは、自局の呼出名称（又は呼出符号）の次に「感度」及び強度を表わす数字又は「明瞭度」及び明瞭度を表わす数字を送信するものとする。（運23－4、14－1、18－1）

（参考）強度及び明瞭度の表示（運別表２）

［強度の表示］	［明瞭度の表示］
１　ほとんど感じません。	１　悪いです。
２　弱いです。	２　かなり悪いです。
３　かなり強いです。	３　かなり良いです。
４　強いです。	４　良いです。
５　非常に強いです。	５　非常に良いです。

⑹　通報の有無の通知

ア　呼出し又は応答（無線電話の場合）に際して相手局に送信すべき通報の有無を知らせる必要があるときは、呼出事項又は応答事項の次に「通報があります」又は「通報はありません」を送信するものとする。（運24－1、14－1、18－1）

イ　アの場合において、送信すべき通報の通数を知らせようとするときは、その通数を表わす数字を「通報が・・通あります」を送信するものとする。（運24－2、14－1、18－1）

(7) 不確実な呼出しに対する応答

ア 無線局は、自局に対する呼出しであることが確実でない呼出しを受信したときは、その呼出しが反覆され、かつ、自局に対する呼出しであることが確実に判明するまで応答してはならない。

(運26－1)

イ 自局に対する呼出しを受信した場合（無線電話の場合）において、呼出局の呼出名称（又は呼出符号）が不確実であるときは、応答事項のうち相手局の呼出名称（又は呼出符号）の代りに「誰かこちらを呼びましたか」を送信して、直ちに応答しなければならない。 (運26－2、14－1、18－1)

(8) 電波の変更

ア 混信の防止その他の事情によって通常通信電波以外の電波を用いようとするときは、呼出し又は応答の際に呼出事項又は応答事項の次に次に掲げる事項を順次送信して通知するものとする。ただし、用いようとする電波の周波数があらかじめ定められているときは、②に掲げる事項の送信を省略することができる。

無線電話の場合は次のとおりである。 (運27、14－1、18－1)

① 「こちらは…に変更します」又は「そちらは…に変えてください」 1回

② 用いようとする電波の周波数（又は型式及び周波数） 1回

(注) 通常通信電波とは、通報の送信に通常用いる電波をいう。(運2－1⑥)

イ アの通知に同意するときは、応答事項の次に次に掲げる事項を順次送信するものとする。 (運28－1、14－1、18－1)

① こちらは…を聴取します 1回

② どうぞ（直ちに通報を受信しようとする場合に限る。） 1回

(9) 通報の送信

ア 呼出しに対し応答を受けたとき（無線電話の場合）は、相手局が「お待ちください」を送信した場合及び呼出しに使用した電波以外の電波に変更する場合を除き、直ちに通報の送信を開始する

ものとする。（運29－1、14－1、18－1）

イ　通報の送信は、次に掲げる事項を順次送信して行うものとする。ただし、呼出しに使用した電波と同一の電波により送信する場合は、①から③までに掲げる事項の送信を省略することができる。

（運29－2、14－1、18－1）

①　相手局の呼出名称（又は呼出符号）　1回

②　こちらは　1回

③　自局の呼出名称（又は呼出符号）　1回

④　通報

⑤　どうぞ　1回

ウ　イの送信において、通報は、「終り」をもって終るものとする。

（運29－3、14－1、18－1）

⑽　送信の終了

通報の送信を終了し、他に送信すべき通報がないことを通知しようとするとき（無線電話の場合）は、送信した通報に続いて次に掲げる事項を順次送信するものとする。（運36、14－1、18－1）

ア　こちらは、そちらに送信するものがありません　1回

イ　どうぞ　1回

⑾　受信証

通報を確実に受信したとき（無線電話の場合）は、次に掲げる事項を順次送信するものとする。（運37－1、14－1、18－1）

ア　相手局の呼出名称（又は呼出符号）　1回

イ　こちらは　1回

ウ　自局の呼出名称（又は呼出符号）　1回

エ　「了解」又は「ＯＫ」　1回

オ　最後に受信した通報の番号　1回

海上移動業務以外の業務においては、アからウまでに掲げる事項の送信を省略することができる。（運37－3）

⑿　通信の終了

通信が終了したとき（無線電話の場合）は、「さようなら」を送信するものとする。ただし、海上移動業務以外の業務においては、これを省略することができる。（運38、14－1、18－1）

5.6.8　試験電波の発射方法

⑴　無線局は、無線機器の試験又は調整のため電波の発射を必要とするときは、発射する前に自局の発射しようとする電波の周波数及びその他必要と認める周波数によって聴守し、他の無線局の通信に混信を与えないことを確かめた後、無線電話の場合は、次の事項を順次送信し、更に１分間聴守を行い、他の無線局から停止の請求がない場合に限り、「ただいま試験中」の連続及び自局の呼出名称（又は呼出符号）１回を送信しなければならない。この場合において、「本日は晴天なり」の連続及び自局の呼出名称（又は呼出符号）の送信は、10秒間を超えてはならない。（運39－1、14－1、18－1）

ア　ただいま試験中　３回

イ　こちらは　１回

ウ　自局の呼出名称（又は呼出符号）　３回

⑵　⑴の試験又は調整中は、しばしばその電波の周波数により聴守を行い、他の無線局から停止の要求がないかどうかを確かめなければならない。（運39－2）

⑶　他の既に行われている通信に混信を与える旨の通知を受けたときは、直ちにその呼出しを中止しなければならない。（運22－1）

5.6.9　無線設備の機能の維持

⑴　周波数の測定

ア　総務省令で定める送信設備（3.6.3参照）には、その誤差が使用周波数の許容偏差の２分の１以下である周波数測定装置を備え付けなければならない。（法31）

イ　アの規定により周波数測定装置を備え付けた無線局は、できる限りしばしば自局の発射する電波の周波数を測定しなければならない。また、相手方の無線局の送信設備の周波数の電波を測定することとなっている無線局であるときは、できる限りしばしば当該送信設備の発射する電波の周波数を測定しなければならない。
（運４－１）

ウ　当該送信設備の無線局の免許人が、別に備え付けた周波数測定装置をもって、その使用電波の周波数を随時測定し得る無線局は、その周波数測定装置により、できる限りしばしば当該送信設備の発射する電波の周波数を測定しなければならない。　（運４－２）

エ　イ及びウの測定の結果、その偏差が許容値を超えるときは、直ちに調整して許容値内に保たなければならない。　（運４－３）

オ　周波数測定装置を備え付けた無線局は、その周波数測定装置を常時アに規定する確度を保つように較正しておかなければならない。　（運４－４）

⑵　電源用蓄電池の充電

ア　義務船舶局等の無線設備の補助電源用蓄電池は、その船舶の航行中は、毎日十分に充電しておかなければならない。　（運５－１）

イ　義務船舶局の双方向無線電話の電源用蓄電池は、その船舶の航行中は、常に十分に充電しておかなければならない。　（運５－２）

⑶　義務船舶局等の無線設備の機能試験

ア　義務船舶局の無線設備（デジタル選択呼出装置による通信を行うものに限る。）は、その船舶の航行中毎日１回以上、当該無線設備の試験機能を用いて、その機能を確かめておかなければならない。　（運６－１）

イ　電波法第35条の予備設備（3.7.5.5参照）を備えている義務船舶局等においては、毎月１回以上、総務大臣が別に告示する方法により、その機能を確かめておかなければならない。　（運６－２）

ウ　デジタル選択呼出専用受信機を備えている義務船舶局において

は、その船舶の航行中毎日１回以上、当該受信機の試験機能を用いて、その機能を確かめておかなければならない。（運６-３）

エ　高機能グループ呼出受信機を備えている義務船舶局においては、その船舶の航行中毎日１回以上、当該受信機の試験機能を用いて、その機能を確かめておかなければならない。

（運６-４）

⑷　双方向無線電話の機能試験

双方向無線電話を備えている義務船舶局においては、その船舶の航行中毎月１回以上、当該無線設備によって通信連絡を行い、その機能を確かめておかなければならない。（運７）

⑸　遭難自動通報設備の機能試験

ア　遭難自動通報局（携帯用位置指示無線標識のみを設置するものを除く。）の無線設備及びその他の無線局の遭難自動通報設備においては、１年以内の期間ごとに、別に告示する方法により、その無線設備の機能を確かめておかなければならない。（運８の２）

イ　遭難自動通報設備を備える無線局の免許人は、当該設備の機能試験をしたときは、実施の日及び試験の結果に関する記録を作成し、試験をした日から２年間、これを保存しなければならない。

（施38の４）

ウ　イの記録は、電磁的方法により記録することができる。この場合においては、当該記録を必要に応じ電子計算機その他の機器を用いて直ちに作成、表示及び書面への印刷ができなければならない。（施43の５-１）

⑹　義務航空機局の無線設備の機能試験

ア　義務航空機局においては、その航空機の飛行前にその無線設備が完全に動作できる状態にあるかどうかを確かめなければならない。（運９の２）

イ　義務航空機局においては、1,000時間使用するたびごとに１回以上、その送信装置の出力及び変調度並びに受信装置の感度及び

選択度について無線設備規則に規定する性能を維持しているかどうかを試験しなければならない。（運９の３）

5.7　無線通信業務別の無線局の運用

5.7.1　海上移動業務等の無線局の運用

海上移動業務の無線局は、海上における人命、財貨の保全のための通信のほか、海上運送事業又は漁業等に必要な通信を行うことを目的としている。したがって、ある無線局が救助を求める通信を発信したときは、常に他の無線局が確実にそれを受信し、救助に関し必要な措置を執ることができるような運用の体制になければならない。

このため、海上移動業務の無線局は、常時運用し、一定の電波で聴守を行い、一定の手続により遭難通信、緊急通信、安全通信等の通信を行うことが必要である。これが海上移動業務の無線局の運用の特色であり、その運用について特別の規定が設けられている理由である。

また、1999年２月から完全実施された全世界的な海上遭難安全システム（GMDSS）について、電波法令においても、このシステムを実施するための規定の整備が行われている。

5.7.1.1　船舶局の運用（入港中の運用の禁止等）

船舶局の運用は、その船舶の航行中に限る。ただし、次の場合は、その船舶の航行中以外でも運用することができる。

（法62－１、施37、運40）

⑴　受信装置のみを運用するとき。

⑵　遭難通信、緊急通信、安全通信、非常通信、放送の受信その他総務省令で定める通信（無線機器の試験又は調整のための通信）を行うとき。

⑶　無線通信によらなければ他に陸上との連絡手段がない場合であって、急を要する通報を海岸局に送信する場合

⑷　総務大臣若しくは総合通信局長が行う無線局の検査に際してその

運用を必要とする場合

⑸　26.175MHzを超え470MHz以下の周波数の電波により通信を行う場合

⑹　その他別に告示する場合

5.7.1.2　海岸局の指示に従う義務

⑴　海岸局は、船舶局から自局の運用に妨害を受けたときは、妨害している船舶局に対して、その妨害を除去するために必要な措置をとることを求めることができる。（法62－2）

⑵　船舶局は、海岸局と通信を行う場合において、通信の順序若しくは時刻又は使用電波の型式若しくは周波数について、海岸局から指示を受けたときは、その指示に従わなければならない。（法62－3）

5.7.1.3　海岸局等の運用

海岸局及び海岸地球局は、常時運用しなければならない。ただし、次のいずれかに該当する海岸局であって、総務大臣がその運用の時期及び運用義務時間を指定したものは、この限りでない。（法63、運45－1）

ア　電気通信業務を取り扱わない海岸局

イ　閉局中は、隣接海岸局によってその業務が代行されることとなっている海岸局

ウ　季節的に運用する海岸局

5.7.1.4　聴守義務

海上移動業務及び海上移動衛星業務においては、遭難通信等の重要通信がどのような海域にいる無線局から発信されたものであっても、確実に受信されることが必要である。このため関係の無線局に対して聴守義務が課せられている。

⑴　次の表の左欄に掲げる無線局で総務省令で定めるものは、同表の①の項及び②の項に掲げる無線局にあっては常時、③の項に掲げる

無線局にあっては総務省令で定める時間中、④の項に掲げる無線局にあってはその運用義務時間中、その無線局に係る同表の右欄に掲げる周波数で聴守をしなければならない。ただし、総務省令で定める場合は、この限りでない。　（法65）

無　　線　　局	周　　波　　数
①　デジタル選択呼出装置を施設している船舶局及び海岸局	総務省令で定める周波数
②　船舶地球局及び海岸地球局	総務省令で定める周波数
③　船舶局	156.65MHz、156.8MHz及び総務省令で定める周波数
④　海岸局	総務省令で定める周波数

(2)　(1)の規定により聴守しなければならない無線局並びに周波数及び時間を定める総務省令の内容は、次のとおりである。（一部省略）

（運42、43、43の２）

ア　デジタル選択呼出装置を施設している船舶局及び海岸局でＦ１Ｂ電波2,187.5kHz、短波帯の５周波数（省略）又はＦ２Ｂ電波156.525MHzの指定を受けているものは、Ｆ１Ｂ電波2,187.5kHz、短波帯の５周波数（省略）又はＦ２Ｂ電波156.525MHzのうち、指定を受けている周波数（船舶局の場合は、短波帯の周波数については、8,414.5kHzを除く４周波数は、時刻、季節、地理的位置等に応じ、適当な海岸局と通信を行うため適切な他の一の周波数）で、常時

イ　船舶地球局及び海岸地球局で総務大臣が別に告示するものは、総務大臣が別に告示する周波数で、常時

ウ　船舶局は、次のとおりである。

①　Ｆ３Ｅ電波156.65MHz又は156.8MHzの指定を受けている船舶局（旅客船又は総トン数300トン以上の船舶であって、国際航海に従事するものの船舶局に限る。）は、それらの周波数で特定海域及び特定港の区域を航行中、常時

（注１） 特定海域（海上交通安全法１条２項）

東京湾、伊勢湾及び瀬戸内海のうち、次に掲げる海域以外の海域

① 港則法に基づく港の区域

② 港湾法に規定する港湾区域

③ 漁港の区域内の海域

④ 漁船以外の船舶が通常航行していない海域

（注２）特定港の区域（港則法３条２項）

きっ水の深い船舶が出入できる港又は外国船舶が常時出入する港であって政令で定めるもの

② 電波法の規定によりナブテックス受信機を備える船舶局は、Ｆ１Ｂ電波518kHz又は424kHzで、海上安全情報を送信する無線局の通信圏の中にあるとき、常時

③ 電波法の規定により高機能グループ呼出受信機を備える船舶局は、Ｇ１Ｄ電波1,530MHzから1,545MHzまでの５kHz間隔又はＱ７Ｗ電波1,621.35MHzから1,626.5MHzまでの41,667kHz間隔の周波数のうち、高機能グループ呼出しの回線設定を行うための周波数の聴守については、常時

エ 海岸局については、Ｆ３Ｅ電波156.8MHzの指定を受けているものは、その周波数で、運用義務時間中

(3) (1)のただし書の総務省令で定める場合（聴守義務が免除される場合）は、次のとおりである。（運44）

ア 船舶地球局にあっては、無線設備の緊急の修理を行う場合又は現に通信を行っている場合であって、聴守することができないとき。

イ 船舶局にあっては、次に掲げる場合

① 無線設備の緊急の修理を行う場合又は現に通信を行っている場合であって、聴守することができないとき。

② 156.65MHz又は156.8MHzの聴守については、当該周波数の電波の指定を受けていない場合

ウ 海岸局については、現に通信を行っている場合

(4) できる限り聴守する周波数（一部省略）

ア (2)ウ①に該当する船舶局は、その規定によるほか、特定海域及

び特定港の区域以外の海域を航行中においても、常時、Ｆ３Ｅ電波156.8MHzをできる限り聴守するものとする。（運44の２-１）

イ　Ｆ３Ｅ電波156.8MHzの指定を受けている船舶局（旅客船又は総トン数300トン以上の船舶であって、国際航海に従事するものの船舶局を除く。）は、その船舶の航行中常時、Ｆ３Ｅ電波156.8MHzをできる限り聴守するものとする。（運44の２-２）

ウ　ナブテックス受信機を備える船舶局（義務船舶局としてナブテックス受信機を備えるものを除く。）は、その船舶がＦ１Ｂ電波424kHz又は518kHzで海上安全情報を送信する無線局の通信圏の中にあるときは常時、Ｆ１Ｂ電波424kHz又は518kHzをできる限り聴守するものとする。（一部省略）（運44の２-２）

(5)　Ｆ３Ｅ電波156.6MHzの指定を受けている海岸局は、現にＦ３Ｅ電波156.8MHzにより、遭難通信、緊急通信又は安全通信が行われているときは、できる限り、Ｆ３Ｅ電波156.6MHzを聴守するものとする。（運44の２-４）

5.7.1.5　通信の優先順位

(1)　海上移動業務及び海上移動衛星業務における通信の優先順位は、次の順序によるものとする。（運55-１）

ア　遭難通信

イ　緊急通信

ウ　安全通信

エ　その他の通信

(2)　海上移動業務において取り扱う非常の場合の無線通信（6.4.4参照）は、緊急の度に応じ、緊急通信に次いでその順位を適宜に選ぶことができる。（運55-２）

5.7.1.6　通信方法等

(1)　周波数等の使用区別

ア　海上移動業務の無線局が円滑に通信を行うためには、それぞれの無線局が聴守すべき周波数を定めておくとともに、個々の電波が呼出し、応答又は通報の送信等のうちのどれに使用できるかその使用区別を定めておく必要がある。

このため、海上移動業務で使用する電波の型式及び周波数の使用区別は、特に指定された場合を除くほか、別に告示するところによることとされている。（運56）

イ　海上移動業務においては、呼出し、応答又は通報の送信は、アの区別によるものであって次に掲げる電波によって行わなければならない。ただし、遭難通信、緊急通信、安全通信及び非常の場合の無線通信については、この限りでない。（運57）

① 呼出しには、相手局の聴守する周波数の電波

② 応答には、呼出しに使用された周波数に応じ、相手局の聴守する周波数の電波。ただし、相手局から応答すべき周波数の電波の指示があった場合は、その電波による。

③ 通報の送信には、呼出し又は応答に使用された周波数に応じ、当該無線局に指定されている通常通信電波。ただし、呼出し又は応答の際に他の周波数の電波の使用を協定した場合は、その電波による。

(2) 電波の使用制限

遭難通信等の重要通信を確実に実施し、呼出し応答等の連絡設定を円滑に実施するため、これらの通信に使用される周波数の電波について、次のとおり使用制限が規定されている。

ア　2,187.5kHz、4,207.5kHz、6,312kHz、8,414.5kHz、12,577kHz及び16,804.5kHzの周波数の電波の使用は、デジタル選択呼出装置を使用して遭難通信、緊急通信又は安全通信を行う場合に限る。（運58－1）

イ　2,174.5kHz、4,177.5kHz、6,268kHz、8,376.5kHz、12,520kHz及び16,695kHzの周波数の電波の使用は、狭帯域直接印刷電信装置を使用して遭難通信、緊急通信又は安全通信を行う場合に限る。

（運58－2）

ウ　27,524kHz及び156.8MHzの周波数の電波の使用は、次に掲げる場合に限る。（運58－3）

①　遭難通信、緊急通信（医事通報に係るものにあっては、156.8MHzの周波数の電波については、緊急呼出しに限る。）又は安全呼出し（27,524kHzの周波数の電波については、安全通信）を行う場合

②　呼出し又は応答を行う場合

③　準備信号（応答又は通報の送信の準備に必要な略符号であって、呼出事項又は応答事項に引き続いて送信されるものをいう。）を送信する場合

④　27,524kHzの周波数の電波については、海上保安業務に関し急を要する通信その他船舶の航行の安全に関し急を要する通信（①に掲げる通信を除く。）を行う場合

エ　500kHz、2,182kHz及び156.8MHzの周波数の電波の使用は、できる限り短時間とし、かつ、1分以上にわたってはならない。ただし、2,182kHzの周波数の電波を使用して遭難通信、緊急通信又は安全通信を行う場合及び156.8MHzの周波数の電波を使用して遭難通信を行う場合は、この限りでない。（運58－4）

オ　8,291kHzの周波数の電波の使用は、無線電話を使用して遭難通信、緊急通信又は安全通信を行う場合に限る。（運58－5）

カ　A3E電波121.5MHzの使用は、船舶局と捜索救難に従事する航空機の航空機局との間に遭難通信、緊急通信又は共同の捜索救難のための呼出し、応答若しくは準備信号の送信を行う場合に限る。

（運58－6）

キ　アからウまで及びオに規定する周波数の電波並びにカの電波は、これらの電波を発射しなければ無線設備の機器（警急自動電話装置を除く。）の試験又は調整ができない場合には、それぞれの規定にかかわらず、これを使用することができる。（運58－7）

(3) デジタル選択呼出通信

この項の規定は、遭難通信、緊急通信及び安全通信を行う場合を除き、海上移動業務におけるデジタル選択呼出通信に適用する。

（運58の３）

デジタル選択呼出装置を使用して行う通信は、船舶局及び海岸局が自動的にかつ確実に、通常の通信及びGMDSS（全世界的な海上遭難安全システム）における遭難通信等を送受信するものである。

（注）全世界的な海上遭難安全システム（Global Maritime Distress and Safety System）

GMDSSにおける遭難通信、緊急通信及び安全通信は、MF帯、HF帯及びVHF帯の電波による地上無線通信及びインマルサット衛星やコスパス・サーサット衛星を利用する宇宙無線通信による自動化された通信技術を用い、全世界の海域の船舶と直接陸上の捜索救助機関との間の遭難通信等を行うものである。

ア　呼出し

呼出しは、次に掲げる事項を送信するものとする。　（運58の４）

①　呼出しの種類　②　相手局の識別表示　③　通報の種類

④　自局の識別信号　⑤　通報の型式

⑥　通報の周波数等（必要がある場合に限る。）⑦　終了信号

イ　呼出しの反復

①　海岸局における呼出しは、45秒間以上の間隔をおいて２回送信することができる。　（運58の５－１）

②　船舶局における呼出しは、５分間以上の間隔をおいて２回送信することができる。これに応答がないときは、少なくとも15分間の間隔をおかなければ、呼出しを再開してはならない。

（運58の５－２）

ウ　応答

①　自局に対する呼出しを受信したときは、海岸局にあっては５秒以上４分半以内に、船舶局にあっては５分以内に応答するものとする。　（運58の６－１）

②　①の応答は、次に掲げる事項を送信するものとする。

(ア)　呼出しの種類　(イ)　相手局の識別信号　(ウ)　通報の種類
(エ)　自局の識別信号　(オ)　通報の型式　(カ)　通報の周波数等
(キ)　終了信号　（運58の６－２）

③　②の送信に際して直ちに通報を受信することができないときは、その旨を通報の型式で明示するものとする。（運58の６－３）

④　②の送信に際して相手局の使用しようとする電波の周波数等によって通報を受信することができないときは、通報の周波数等に自局の希望する代わりの電波の周波数等を明示するものとする。（運58の６－４）

⑤　自局に対する呼出しに通報の周波数等が含まれていないときは、応答には、通報の周波数等に自局の使用しようとする電波の周波数等を明示するものとする。（運58の６－５）

(4)　狭帯域直接印刷電信

この項の規定は、遭難通信、緊急通信及び安全通信を行う場合を除き、海上移動業務における狭帯域直接印刷電信通信に適用する。
（運58の７）

ア　呼出し

呼出しは、次に掲げる事項を送信するものとする。（運58の８）

①　呼出しの信号　②　呼出しの信号及び相手局の識別信号
③　呼出しの信号及び呼出事項

イ　応答

応答は、次に掲げる事項を送信するものとする。（運58の９）

①　応答の信号　②　応答の信号及び自局の識別信号
③　応答の信号及び応答事項

(5)　モールス無線通信及び無線電話通信

この項の規定は、遭難通信、緊急通信及び安全通信を行う場合を除き、海上移動業務におけるモールス無線通信及び無線電話通信に適用する。（運58の10）

ア　各局あて同報

通信可能の範囲内にあるすべての無線局にあてる通報を同時に送信しようとするときは、5.6.7(1)の規定にかかわらず次に掲げる事項を順次送信して行うものとする。（運59－1、14－1、18－1）

①	ＣＱ（無線電話の場合は「各局」）	３回以下
②	ＤＥ（無線電話の場合は「こちらは」）	１回
③	自局の呼出符号（又は呼出名称）	３回以下
④	通報の種類	１回
⑤	通報	２回以下

イ　海岸局の一括呼出し

一般海岸局は、別に告示する時刻及び電波により通報の送信を必要とするすべての船舶局を一括して呼び出さなければならない。（運63－1）

（注）一般海岸局とは、電気通信業務を取り扱う海岸局をいう。（施２－１㉞）

ウ　一括呼出しに対する応答等

イの呼出しを受けた船舶局は、直ちに呼び出された順序で応答しなければならない。ただし、応答しない船舶局があるときは、順次繰り上げるものとする。（運64－1）

エ　船名による呼出し

海岸局は、呼出符号（又は呼出名称）が不明な船舶局を呼び出す必要があるときは、呼出符号（又は呼出名称）の代りにその船名を送信することができる。（運68）

5.7.1.7　遭難通信

(1)　遭難通信の意義

遭難通信とは、船舶又は航空機が重大かつ急迫の危険に陥った場合に遭難信号を前置する方法その他総務省令で定める方法により行う無線通信をいう。（法52①）

重大かつ急迫の危険に陥った場合とは、船舶においては火災、座礁、衝突、浸水その他の事故、航空機においては墜落、衝突、火災その他の事故に遭い、自力によって人命及び財貨を守ることができないような場合をいう。

総務省令で定める方法とは、デジタル選択呼出装置、船舶地球局の無線設備、遭難自動通報設備等を使用して行う方法をいう。

（施36の２－１）

⑵　遭難通信の保護、特則

遭難通信は、上記⑴のとおり人命及び財貨の保全に係る極めて重要な通信であるから、法令上多くの事項について特別な取扱いがなされている。その主なものは、次のとおりである。

ア　免許状に記載された目的又は通信の相手方若しくは通信事項の範囲を超えて、また、運用許容時間外においてもこの通信を行うことができる。（法52、55）

イ　免許状に記載された電波の型式及び周波数、空中線電力等の範囲を超えてこの通信を行うことができる。（法53、54）

ウ　他の無線局等にその運用を阻害するような混信その他の妨害を与えてもその通信を行うことができる。（法56－１、運55の３）

エ　船舶が航行中でない場合でもこの通信を行うことができる。（法62－１）

オ　海岸局、海岸地球局、船舶局及び船舶地球局（「海岸局等」という。）は、遭難通信を受信したときは、他の一切の無線通信に優先して、直ちにこれに応答し、かつ、遭難している船舶又は航空機を救助するため最も便宜な位置にある無線局に対して通報する等総務省令で定めるところにより救助の通信に関し最善の措置をとらなければならない。（法66－１）

カ　無線局は、遭難信号又は総務省令で定める方法により行われる無線通信を受信したときは、遭難通信を妨害するおそれのある電波の発射を直ちに中止しなければならない。（法66－２）

キ　遭難通信を受信したすべての無線局は、電波法令に規定するも

ののほか、応答、傍受その他遭難通信のため最善の措置をしなければならない。（運72）

(3) 遭難通信等の使用電波

海上移動業務における遭難通信、緊急通信又は安全通信は、次に掲げる場合にあっては、それぞれ次に掲げる電波を使用して行うものとする。ただし、遭難通信を行う場合であって、これらの周波数を使用することができないか又は使用することが不適当であるときは、この限りでない。（運70の２－１）

ア　デジタル選択呼出装置を使用する場合

Ｆ１Ｂ電波2,187.5kHz若しくは短波帯の５波（省略）又はＦ２Ｂ電波156.525MHz

イ　デジタル選択呼出通信に引き続いて狭帯域直接印刷電信装置を使用する場合

Ｆ１Ｂ電波2,174.5kHz又は短波帯の５波（省略）

ウ　デジタル選択呼出通信に引き続いて無線電話を使用する場合

Ｊ３Ｅ電波2,182kHz若しくは短波帯の５波（省略）又はＦ３Ｅ電波156.8MHz

エ　船舶航空機間双方向無線電話を使用する場合（遭難通信及び緊急通信を行う場合に限る。）

Ａ３Ｅ電波121.5MHz

オ　無線電話を使用する場合（ウ及びエに掲げる場合を除く。）

Ａ３Ｅ電波27,524kHz若しくはＦ３Ｅ電波156.8MHz又は通常使用する呼出電波（運70の２－１）

(4) 責任者の命令

次のアからウまでの送信は、その船舶の責任者の命令がなければ行うことができない。（運71－１）

ア　船舶局における次の送信

①　遭難警報若しくは遭難警報の中継の送信

②　遭難呼出し（遭難警報の送信のための呼出しを含む。）

③　遭難通報の送信

④　遭難自動通報設備による通報の送信

イ　船舶地球局における遭難警報又は遭難警報の中継の送信

ウ　遭難自動通報局における遭難警報の送信又は遭難通報の送信

(5)　電波の継続発射

船舶に開設する無線局は、その船舶が遭難した場合において、その船体を放棄しようとするときは、事情の許す限り、その送信設備を継続して電波を発射する状態に置かなければならない。　(運74)

(6)　遭難警報の送信

ア　船舶が遭難した場合に船舶局がデジタル選択呼出装置を使用して行う遭難警報は、電波法施行規則別図第１号１に定める構成のものを送信して行うものとする。この場合において、この送信は、５回連続して行うものとする。　(運75－１)

イ　船舶が遭難した場合に船舶地球局が行う遭難警報は、電波法施行規則別図第２号に定める構成のものを送信して行うものとする。　(運75－２)

ウ　船舶が遭難した場合に、衛星非常用位置指示無線標識を使用して行う遭難警報は、電波法施行規則別図第５号に定める構成のものを送信して行うものとする。　(運75－３)

エ　無線局は、誤って遭難警報を送信した場合は、直ちにその旨を海上保安庁へ通報しなければならない。　(運75－４)

オ　船舶局は、デジタル選択呼出装置を使用して誤った遭難警報を送信した場合は、当該遭難警報の周波数に関連する無線局運用規則第70条の２第１項第３号に規定する周波数の電波（(3)ウ参照）を使用して、無線電話により、当該遭難警報を取り消す旨の通報を行わなければならない。(送信事項省略)　(運75－５)

カ　船舶局は、オの遭難警報の取消しを行ったときは、当該取消しの通報を行った周波数によって聴守しなければならない。(運75－６)

(7) 遭難呼出し及び遭難通報の送信順序

無線電話により遭難通報を送信しようとする場合には、次の区別に従い、それぞれに掲げる事項を順次送信して行うものとする。ただし、特にその必要がないと認める場合又はそのいとまのない場合には、アの事項を省略することができる。（運75の２）

ア　警急信号　　イ　遭難呼出し　　ウ　遭難通報

(8) 遭難呼出し

遭難呼出しは、無線電話により、次の区別に従い、それぞれに掲げる事項を順次送信して行うものとする。（運76－1）

ア　メーデー（又は「遭難」）　３回

イ　こちらは　１回

ウ　遭難船舶局の呼出符号（又は呼出名称）　３回

(9) 遭難通報の送信

ア　遭難呼出しを行った無線局は、できる限りすみやかにその遭難呼出しに続いて、遭難通報を送信しなければならない。（運77－1）

イ　遭難通報は、無線電話により次の事項を順次送信して行うものとする。（運77－2）

①　「メーデー」又は「遭難」

②　遭難した船舶又は航空機の名称又は識別

③　遭難した船舶又は航空機の位置、遭難の種類及び状況並びに必要とする救助の種類その他救助のため必要な事項

ウ　イ③の位置は、原則として経度及び緯度をもって表わすものとする。ただし、著名な地理上の地点からの真方位及び海里で示す距離によって表わすことができる。（運77－3）

(10) 他の無線局の遭難警報の中継の送信等

ア　船舶又は航空機が遭難していることを知った船舶局、船舶地球局、海岸局又は海岸地球局は、次に掲げる場合には、遭難警報の中継又は遭難通報を送信しなければならない。（運78－1）

①　遭難船舶局、遭難船舶地球局、遭難航空機局又は遭難航空機

地球局が自ら遭難警報又は遭難通報を送信することができないとき。

② 船舶、海岸局又は海岸地球局の責任者が救助につき更に遭難警報の中継又は遭難通報を送信する必要があると認めたとき。

イ　下記⒄イからエの規定により宰領を行う無線局は、遭難した船舶の救助につき遭難警報の中継又は遭難通報を送信する必要があると認めたときは、その送信をしなければならない。（運78－2）

ウ　航空機用救命無線機等の通報（航空機又は船舶の無線局が電波法施行規則第36条の2第1項第5号に定める方法により行う遭難通信をいう。）を受信した船舶局又は海岸局は、その船舶又は海岸局の責任者が救助につき必要があると認めたときは、遭難通報を送信しなければならない。（以下省略）（運78－4）

⑾ 遭難自動通報設備の通報の送信等

ア　A3X電波121.5MHz及び243MHzにより送信する遭難自動通報設備の通報は、電波法施行規則第36条の2第1項第5号に定める方法により行うものとする。（運78の2－1）

イ　G1B電波406.025MHz、406.028MHz、406.031MHz、406.037MHz又は406.04MHz及びA3X電波121.5MHzを同時に発射する遭難自動通報設備であって、A3X電波121.5MHzにより送信する遭難自動通報設備の通報は、電波法施行規則第36条の2第1項第6号⑵に定める方法により行うものとする。（運78の2－2）

ウ　捜索救助用レーダートランスポンダの通報は、電波法施行規則第36条の2第1項第7号に定める方法により行うものとする。

（運78の2－3）

エ　捜索救助用位置指示送信装置の通報は、電波法施行規則第36条の2第1項第8号に定める方法により行うものとする。

（運78の2－4）

オ　遭難自動通報局は、通報を送信する必要がなくなったときは、その送信を停止するため、必要な措置をとらなければならない。

（運78の２－５）

カ　オの規定は、遭難自動通報局以外の無線局において遭難自動通報設備を運用する場合に準用する。（運78の２－６）

⑿　遭難呼出し及び遭難通報の送信の反復

遭難呼出し及び遭難通報の送信は、応答があるまで、必要な間隔を置いて反復しなければならない。（運81）

⒀　遭難警報等を受信した海岸局及び船舶局のとるべき措置

ア　海岸局は、船舶局がデジタル選択呼出装置を使用して送信した遭難警報又は遭難警報の中継を受信したときは、遅滞なく、これに応答し、かつ、その遭難警報又は遭難警報の中継を海上保安庁その他の救助機関に通報しなければならない。（運81の３－１）

イ　船舶局は、デジタル選択呼出装置を使用して送信された遭難警報若しくは遭難警報の中継又はＦ１Ｂ電波424kHz又は518kHzの周波数を使用して送信された遭難警報の中継を受信したときは、直ちにこれをその船舶の責任者に通知しなければならない。

（運81の５－１）

ウ　船舶局は、デジタル選択呼出装置を使用して短波帯以外の周波数の電波により送信された遭難警報を受信した場合において、当該遭難警報に使用された周波数の電波によっては海岸局と通信を行うことができない海域にあり、かつ、当該遭難警報が付近にある船舶からのものであることが明らかであるときは、遅滞なく、これに応答し、かつ、当該遭難警報を適当な海岸局に通報しなければならない。（運81の５－２）

エ　船舶局は、ウの遭難警報を受信した場合において、当該遭難警報に使用された周波数の電波によって海岸局と通信を行うことができない海域にあるとき以外のとき、又は当該遭難警報が付近にある船舶からのものであることが明らかであるとき以外のときは、当該遭難警報を受信した周波数で聴守を行わなければならない。（運81の５－３）

オ　船舶局は、エの規定により聴守を行った場合であって、その聴守において、当該遭難警報に対して他のいずれの無線局の応答も認められないときは、これを適当な海岸局に通報し、かつ、当該遭難警報に対する他の無線局の応答があるまで引き続き聴守を行わなければならない。（運81の５－４）

カ　船舶局は、デジタル選択呼出装置を使用して短波帯の周波数の電波により送信された遭難警報を受信したときは、これに応答してはならない。この場合において、当該船舶局は、当該遭難警報を受信した周波数で聴守を行わなければならない。（運81の５－５）

キ　船舶局は、カの規定により聴守を行った場合であって、その聴守において、当該遭難警報に対していずれの海岸局の応答も認められないときは、適当な海岸局に対して遭難警報の中継の送信を行い、かつ、当該遭難警報に対する海岸局の応答があるまで引き続き聴守を行わなければならない。（運81の５－６）

ク　船舶局は、デジタル選択呼出装置を使用して送信された遭難警報又は遭難警報の中継を受信したときは、当該遭難警報又は遭難警報の中継を受信した周波数と関連する無線局運用規則第70条の２第１項第３号に規定する周波数（(注) デジタル選択呼出通信に引き続いて無線電話を使用する場合の遭難通信の使用電波の周波数）((3)ウ参照) で聴守を行わなければならない。（運81の５－７）

ケ　狭帯域直接印刷電信装置を施設する船舶局は、クに規定する場合において、当該遭難警報又は遭難警報の中継が狭帯域直接印刷電信装置の使用を指示しているときは、クの規定にかかわらず、これを受信した周波数と関連する無線局運用規則第70条の２第１項第２号に規定する周波数（(注) デジタル選択呼出通信に引き続いて狭帯域直接印刷電信装置を使用する場合の遭難通信の使用電波の周波数）((3)イ参照) で聴守を行わなければならない。この場合において、当該船舶局の無線設備においてクの規定による聴守を同時に行うことが可能なときは、これを行わなければならな

い。（運81の5-8）

⒁　遭難通報を受信した海岸局及び船舶局のとるべき措置

ア　海岸局及び船舶局は、遭難呼出しを受信したときは、これを受信した周波数で聴守を行わなければならない。（運81の7-1）

イ　海岸局は、遭難通報、携帯用位置指示無線標識の通報、衛星非常用位置指示無線標識の通報、捜索救助用レーダートランスポンダの通報、捜索救助用位置指示送信装置の通報又は航空機用救命無線機等の通報を受信したときは、遅滞なく、これを海上保安庁その他の救助機関に通報しなければならない。（運81の7-2）

ウ　船舶局は、遭難通報、携帯用位置指示無線標識の通報、衛星非常用位置指示無線標識の通報、捜索救助用レーダートランスポンダの通報、捜索救助用位置指示送信装置の通報又は航空機用救命無線機等の通報を受信したときは、直ちにこれをその船舶の責任者に通知しなければならない。（運81の7-3）

エ　海岸局は、アにより聴守を行った場合であって、その聴守において、遭難通報を受信し、かつ、遭難している船舶又は航空機が自局の付近にあることが明らかであるときは、直ちにその遭難通報に対して応答しなければならない。（運81の7-4）

オ　エの規定は、船舶局について準用する。ただし、当該遭難通報が海岸局が行う他の無線局の遭難通報の送信のための呼出しに引き続いて受信したものであるときは、受信した船舶局の船舶の責任者がその船舶が救助を行うことができる位置にあることを確かめ、当該船舶局に指示した場合でなければ、これに応答してはならない。（運81の7-5）

カ　船舶局は、遭難通報を受信した場合において、その船舶が救助を行うことができず、かつ、その遭難通報に対し他のいずれの無線局も応答しないときは、遭難通報を送信しなければならない。

（運81の7-6）

⒂　遭難警報等に対する応答

ア　海岸局は、遭難警報又は遭難警報の中継を受信した場合において、これに応答するときは、当該遭難警報又は遭難警報の中継を受信した周波数の電波を使用して、デジタル選択呼出装置により、電波法施行規則別図第１号３（遭難警報の中継に対する応答にあっては、同規則別図第１号２）に定める構成のものを送信して行うものとする。この場合において、受信した遭難警報又は遭難警報の中継が中短波帯又は短波帯の周波数の電波を使用するものであるときは、受信から１分以上２分45秒以下の間隔を置いて送信するものとする。（運81の８－１）

イ　船舶局は、遭難警報又は遭難警報の中継を受信した場合において、これに応答するときは、当該遭難警報又は遭難警報の中継を受信した周波数と関連する上記⑶ウに規定する周波数の電波を使用して、無線電話により、次の各号に掲げるものを順次送信して行うものとする。（運81の８－２）

① メーデー（又は「遭難」）　１回
② 遭難警報又は遭難警報の中継を送信した無線局の識別信号　３回
③ こちらは　１回
④ 自局の識別信号　３回
⑤ 受信しました　１回
⑥ メーデー（又は「遭難」）　１回

ウ　イの応答が受信されなかった場合には、当該船舶局は、デジタル選択呼出装置を使用して、遭難警報又は遭難警報の中継を受信した旨を送信するものとする。（運81の８－３）

⒃　遭難通報に対する応答

ア　海岸局又は船舶局は、遭難通報を受信した場合において、無線電話によりこれに応答するときは、次の事項を順次送信して行うものとする。（運82－１、14－１、18－１）

① メーデー（又は「遭難」） 1回
② 遭難通報を送信した無線局の呼出名称（又は呼出符号） 3回
③ こちらは 1回
④ 自局の呼出名称（又は呼出符号） 3回
⑤ 了解（又は「OK」） 1回
⑥ メーデー（又は「遭難」） 1回

イ アにより応答した船舶局は、その船舶の責任者の指示を受け、できる限り速やかに、次の事項を順次送信しなければならない。（運82－2）

① 自局の名称
② 自局の位置（位置は、原則として経度及び緯度をもって表わす。ただし、著名な地理上の地点からの真方位及び海里で示す距離によって表わすことができる。）
③ 遭難している船舶又は航空機に向かって進航する速度及びこれに到着するまでに要する概略の時間
④ その他救助に必要な事項

ウ ア及びイの事項を送信しようとするときは、遭難している船舶又は航空機の救助について自局よりも一層便利な位置にある他の無線局の送信を妨げないことを確かめなければならない。（運82－3）

エ 航空機用救命無線機等の通報を受信した船舶局は、直ちに海上保安庁の無線局にその事実を通報するものとする。ただし、その必要がないと認められる場合は、これを要しない。（運82の2）

⒄ 遭難通信の宰領

ア 遭難通信の宰領は、遭難船舶局、遭難通報を送信した無線局又はこれらの無線局から遭難通信の宰領を依頼された無線局が行うものとする。（運83－1）

イ 遭難自動通報局の行う遭難通信の宰領は、アの規定にかかわら

ず、次の無線局が行うものとする。（運83－２）

①　遭難自動通報局の通報を受信した海上保安庁の無線局。ただし、海上保安庁の無線局が当該通報を受信しないと認められる場合においては、当該通報を最初に受信したその他の無線局とする。

②　アの無線局から遭難通信の宰領を依頼された無線局

ウ　イの規定は、遭難自動通報局以外の無線局の遭難自動通報設備による遭難通信を宰領する場合に準用する。（運83－３）

エ　遭難警報に係る遭難通信の宰領は、アからウまでの規定にかかわらず、海上保安庁の無線局又はこれから遭難通信の宰領を依頼された無線局が行うものとする。（運83－４）

⒅　通信停止の要求

ア　遭難船舶局及び遭難通信を宰領する無線局は、遭難通信を妨害し又は妨害するおそれのあるすべての通信の停止を要求することができる。この要求は、次の区別に従い、それぞれに掲げる方法により行うものとする。（運85－１）

①　狭帯域直接印刷電信装置による場合（省略）

②　無線電話による場合

呼出事項（5.6.7⑴参照）又は各局あて呼出事項（5.7.1.6⑸アの①から③までの事項）の次に「シーロンス　メーデー」（又は「通信停止遭難」）を送信して行う方法

イ　遭難している船舶又は航空機の付近にある海岸局又は船舶局は、必要と認めるときは、他の無線局に対し通信の停止を要求することができる。この要求は、無線電話により、呼出事項又は各局あて呼出事項の次に「シーロンス　ディストレス」又は「通信停止遭難」の語及び自局の呼出符号又は呼出名称を送信して行うものとする。（運85－２）

⒆　一般通信の再開

遭難通信が終了したときは、遭難通信を宰領した無線局は、遭難通信の行われた電波により、次の区別に応じ、それぞれに掲げる事項を順次送信して関係の無線局にその旨を通知しなければならない。（運89－2）

ア　狭帯域直接印刷電信による場合（省略）

イ　無線電話による場合

①	メーデー（又は「遭難」）	1回
②	各局	3回
③	こちらは	1回
④	自局の呼出符号又は呼出名称	1回
⑤	遭難通信の終了時刻	1回
⑥	遭難した船舶又は航空機の名称又は識別	1回
⑦	遭難船舶局、遭難船舶地球局若しくは遭難自動通報局又は遭難航空機局若しくは遭難航空機地球局の識別信号	1回
⑧	シーロンス　フィニィ（又は「遭難通信終了」）	1回
⑨	さようなら	1回

⒇　遭難通信実施中の一般通信の実施

海岸局又は船舶局であって、現に行われている遭難通信に係る呼出し、応答、傍受その他一切の措置を行うほか、一般通信を同時に行うことができるものは、その遭難通信が良好に行われており、かつ、これに妨害を与えるおそれがない場合に限り、その遭難通信に使用されている電波以外の電波を使用して一般通信を行うことができる。（運90）

㉑　遭難通信実施中の緊急通信又は安全通信の予告

海岸局は、遭難通信に妨害を与え、又は遅延を生じさせるおそれがない場合であって、かつ、遭難通信が休止中である場合に限り、遭難通信に使用されている電波を使用して、緊急通報又は安全通報の予告を行うことができる。（運90の2－1）

⑵ 罰　則

ア　無線通信の業務に従事する者が、電波法第66条第１項の規定による遭難通信の取扱いをしなかったとき、又はこれを遅延させたときは、１年以上の有期懲役に処する。（法105－１）

イ　遭難通信の取扱いを妨害した者も、アと同様とする。

（法105－２）

ウ　ア及びイの未遂罪は、罰する。（法105－３）

5.7.1.8　緊急通信

⑴ 緊急通信の意義

ア　緊急通信とは、船舶又は航空機が重大かつ急迫の危険に陥るおそれがある場合その他緊急の事態が発生した場合に緊急信号を前置する方法その他総務省令で定める方法により行う無線通信をいう。（法52②）

総務省令で定める方法とは、デジタル選択呼出装置又は船舶地球局の無線設備等を使用して行うものである。（施36の２－２）

イ　船舶又は航空機が重大かつ急迫の危険に陥るおそれがあるかどうか又はその他緊急の事態が発生したかどうかの判断は、緊急呼出しの送信の命令を行う者が行うこととなる。緊急通信が行われる場合の具体例としては、次のものがあげられる。

①　船舶が座礁、火災、エンジン故障その他の事故に遭い、重大かつ急迫した危険に陥るおそれがあるので監視してもらいたいとき。

②　行方不明の船舶の捜索を付近を航行中の船舶に依頼するとき。

③　海中に転落し行方不明となった乗客又は乗組員の捜索を依頼するとき。

④　事故による重傷者又は急病人の手当てについて医療援助を求めるとき。

⑤　航空機内にある者の死傷又は航空機の安全阻害行為等により

航空機内の人命が危険にさらされるおそれのあるとき。

(2) 緊急通信の特則、通信方法及び取扱いに関する事項

緊急通信は、遭難通信に次いで重要な通信であるから法令上次のような特別の取扱いがなされている。

ア 免許状に記載された目的又は通信の相手方若しくは通信事項の範囲を超えて、また、運用許容時間外においてもこの通信を行うことができる。（法52、55）

イ 他の無線局（遭難通信を行っているものを除く。）等にその運用を阻害するような混信その他の妨害を与えてもこの通信を行うことができる。（法56－1、運55の3）

ウ 船舶が航行中でない場合でもこの通信を行うことができる。（法62－1）

エ 海岸局、海岸地球局、船舶局及び船舶地球局は、遭難通信に次ぐ優先順位をもって緊急通信を取り扱わなければならない。（法67－1）

(3) 緊急通信の使用電波

緊急通信の使用電波は、5.7.1.7(3)に掲げたとおりであり、遭難通信等と同じものが使用される。（運70の2－1）

(4) 責任者の命令

ア 船舶局における緊急通報の告知の送信又は緊急呼出しは、その船舶の責任者の命令がなければ行うことができない。（運71－1）

イ 海岸局における緊急通報の告知の送信又は緊急呼出しは、国又は地方公共団体等責任ある機関の要求があった場合又はそれらの承認を得た場合でなければ行うことができない。ただし、船舶局から受信した緊急通報に関して緊急通報の告知の送信若しくは緊急呼出しを行う場合は、この限りでない。（運71－2）

(5) デジタル選択呼出装置による緊急通報の告知等

ア デジタル選択呼出装置を施設している海岸局又は船舶局が緊急通報を送信しようとするときは、当該装置を使用して緊急通報の

告知を行うものとする。（運90の３－１）

イ　緊急通報の告知は、電波法施行規則第36条の２第２項第１号に定める方法により行うものとする。（運90の３－２）

ウ　アにより緊急通報の告知を行った無線局は、これに引き続いて、次に掲げる緊急信号を前置して緊急通報を送信するものとする。（運90の３－３）

① 狭帯域直接印刷電信装置による場合にあっては、「PAN PAN」

② 無線電話による場合にあっては、「パンパン」又は「緊急」の３回の反復

(6) 緊急呼出し

ア　緊急呼出しは、無線電話により、呼出事項（5.6.7(1)参照）又は医事通信の呼出事項（省略）の前に「パンパン」又は「緊急」を３回送信して行うものとする。（運91－１）

イ　緊急通報には、原則として普通語を使用しなければならない。（運91－２）

ウ　各局あて緊急呼出し（省略）

(7) 緊急通信等を受信した場合の措置

ア　海岸局、海岸地球局、船舶局及び船舶地球局は、緊急信号又は総務省令で定める方法により行われる無線通信を受信したときは、遭難通信を行う場合を除き、その通信が自局に関係のないことを確認するまでの間（モールス無線電信又は無線電話による緊急信号を受信した場合には、少なくとも３分間）継続してその緊急通信を受信しなければならない。（法67－２、運93－１）

イ　モールス無線電信又は無線電話による緊急信号を受信した海岸局、船舶局又は船舶地球局は、緊急通信が行われないか又は緊急通信が終了したことを確かめた上でなければ再び通信を開始してはならない。（運93－２）

ウ　イの緊急通信が自局に対して行われるものでないときは、海岸

局、船舶局又は船舶地球局は、イの規定にかかわらず緊急通信に使用している周波数以外の周波数の電波により通信を行うことができる。（運93－3）

エ　海岸局、海岸地球局又は船舶局若しくは船舶地球局は、自局に関係のある緊急通報を受信したときは、直ちにその海岸局、海岸地球局又は船舶の責任者に通報する等必要な措置をしなければならない。（運93－4）

5.7.1.9　安全通信

(1)　安全通信の意義

安全通信とは、船舶又は航空機の航行に対する重大な危険を予防するために安全信号を前置する方法その他総務省令で定める方法により行う無線通信をいう。（法52③）

総務省令で定める方法とは、デジタル選択呼出装置を使用して行う方法又は海岸地球局が高機能グループ呼出しによって行う方法及び海岸局がF１B電波424kHz又は518kHzを使用して海上安全情報を送信する方法がある。（施36の２－３）

例えば、船舶の航行上危険な遺棄物や流氷等の存在を知らせる航行警報、台風の来襲その他気象の急変を知らせる暴風警報等は、安全通信により行われる。（運96－5、別表10参照）

(2)　安全通信の特則

安全通信は、船舶又は航空機の航行の安全を確保するために遭難通信及び緊急通信に次いで重要な通信であるから、法令上次のような特別の扱いがなされている。

ア　免許状に記載された目的又は通信の相手方若しくは通信事項の範囲を超えて、また、運用許容時間外においてもこの通信を行うことができる。（法52、55）

イ　他の無線局（遭難通信又は緊急通信を行っているものを除く。）等にその運用を阻害するような混信その他の妨害を与えてもこの

通信を行うことができる。（法56－１、運55の３）

ウ　船舶が航行中でない場合でもこの通信を行うことができる。

（法62－１）

(3)　安全通信の使用電波

ア　無線電話による安全呼出しは、5.7.1.7(3)（エを除く。）に掲げる電波を使用して行う。（運70の２－１）

イ　海上移動業務において、無線電話を使用して安全通報を送信する場合は、通常通信電波により行うものとする。ただし、Ａ３Ｅ電波27,524kHzにより安全呼出しを行った場合においては、当該電波によることができる。（運70の２－３）

(4)　デジタル選択呼出装置による安全通報の告知等

ア　デジタル選択呼出装置を施設している海岸局又は船舶局が安全通報を送信しようとするときは、当該装置を使用して安全通報の告知を行うものとする。（運94の２－１）

イ　安全通報の告知は、電波法施行規則第36条の２第３項第１号に定める方法により行うものとする。（運94の２－２）

ウ　アにより安全通報の告知を行った無線局は、これに引き続いて、次に掲げる安全信号を前置して安全通報を送信するものとする。

（運94の２－３）

①　狭帯域直接印刷電信装置による場合にあっては、「SECURITE」

②　無線電話による場合にあっては、「セキュリテ」又は「警報」の３回の反復

エ　安全呼出し

①　安全呼出しは、無線電話により、呼出事項（5.6.7(1)参照）の前に「セキュリテ」又は「警報」を３回送信して行うものとする。（運96－１）

②　通信可能の範囲内にあるすべての無線局に対し、無線電話により同時に安全通報（デジタル選択呼出装置による安全通報の告知に引き続いて送信するものを除く。）を送信しようとする

ときは、各局あて同報（5.7.2.3(5)参照）の事項の前に「セキュリテ」又は「警報」を３回送信して行うものとする。（運96－2）

オ　安全通信を受信した場合の措置

①　海岸局、海岸地球局、船舶局及び船舶地球局は、速やかに、かつ、確実に安全通信を取り扱わなければならない。（法68－1）

②　海岸局、海岸地球局、船舶局及び船舶地球局は、安全信号又は総務省令で定める方法により行われる無線通信を受信したときは、その通信が自局に関係のないことを確認するまでその安全通信を受信しなければならない。（法68－2）

③　海岸局、海岸地球局又は船舶局若しくは船舶地球局において安全信号又は電波法施行規則第36条の２第３項に規定する方法により行われた通信を受信したときは、遭難通信及び緊急通信を行う場合を除くほか、これに混信を与える一切の通信を中止して直ちにその安全通信を受信し、必要に応じてその要旨をその海岸局、海岸地球局又は船舶の責任者に通知しなければならない。（運99）

5.7.2　固定業務、陸上移動業務等の無線局の運用

5.7.2.1　無線局の運用の特例

無線局は、通常その免許人の事業を遂行するために運用することとして開設するものであるが、特別な場合には、自己以外の者にその無線局を運用させることが認められる。

(1)　非常時運用人による無線局の運用

ア　無線局（その運用が、専ら総務省令で定める簡易な操作（4.1.4参照）によるものに限る。）の免許人等は、地震、台風、洪水、津波、雪害、火災、暴動その他非常の事態が発生し、又は発生するおそれがある場合において、人命の救助、災害の救援、交通通信の確保又は秩序の維持のために必要な通信を行うときは、当該無線局の免許等が効力を有する間、当該無線局を自己以外の者に運

用させることができる。（法70の７-１）

イ　アの規定により無線局を自己以外の者に運用させた免許人等は、遅滞なく、その無線局を運用する自己以外の者（「非常時運用人」という。）の氏名又は名称、非常時運用人による運用の期間等を総務大臣に届け出なければならない。（法70の７-２）

ウ　イに規定する免許人等は、その無線局の運用が適正に行われるよう、総務省令で定めるところにより、非常時運用人に対し、必要かつ適切な監督を行わなければならない。（法70の７-３）

エ　（省略）

(2)　免許人以外の者による特定の無線局の簡易な操作による運用

ア　電気通信業務を行うことを目的として開設する無線局（無線設備の設置場所、空中線電力等を勘案して、無線従事者の資格を要しない簡易な操作で運用することにより他の無線局の運用を阻害するような混信その他の妨害を与えないように運用することができるものとして総務省令で定めるもの（フェムトセル基地局及び特定陸上移動中継局））の免許人は、その無線局の免許人以外の者による運用（簡易な操作によるものに限る。）が電波の能率的な利用に資するものである場合には、その無線局の免許が効力を有する間、自己以外の者にその無線局の運用を行わせることができる。（ただし書省略）（法70の８-１、施41の２の３）

イ　(1)のイ及びウの規定は、アの規定により自己以外の者に無線局の運用を行わせた免許人について準用する。（法70の８-２）

ウ及びエ　（省略）

(3)　登録人以外の者による登録局の運用

ア　登録局の登録人は、その登録局の登録人以外の者による運用が電波の能率的な利用に資するものであり、かつ、他の無線局の運用に混信その他の妨害を与えるおそれがないと認める場合には、その登録局の登録が効力を有する間、その登録局を自己以外の者に運用させることができる。（ただし書省略）（法70の９-１）

イ　(1)のイ及びウの規定は、アの規定により自己以外の者に登録局を運用させた登録人について準用する。（法70の９-２）

ウ及びエ（省略）

5.7.2.2　非常通信

(1)　非常通信とは、5.1(1)エで述べたとおり、地震、台風、洪水、津波、雪害、火災、暴動その他非常の事態が発生し、又は発生するおそれがある場合において、有線通信を利用することができないか又はこれを利用することが著しく困難であるときに人命の救助、災害の救援、交通通信の確保又は秩序の維持のために行われる無線通信である。（法52④）

この通信は、すべての無線局が自主的な判断に基づいて行うことができるものである。

(2)　非常通信の特則

ア　免許状に記載された目的又は通信の相手方若しくは通信事項の範囲を超えて、また、運用許容時間外においてもこの通信を行うことができる。（法52、55）

イ　他の無線局に混信その他の妨害を与えてもこの通信を行うことができる。（法56-１）

5.7.2.3　通信方法

(1)　呼出し又は応答の簡易化

ア　空中線電力50ワット以下の無線設備を使用して呼出し又は応答を行う場合（無線電話の場合）において、確実に連絡の設定ができると認められるときは、呼出事項又は応答事項（5.6.7(1)及び(4)参照）のうち次の事項の送信を省略することができる。

（運126の２-１、14-１、18-１）

①　呼出しの場合

(ア)　こちらは　　(イ)　自局の呼出名称（又は呼出符号）

②　応答の場合

相手局の呼出名称（又は呼出符号）

イ　アにより①及び②の事項の送信を省略した無線局は、その通信中少なくとも１回以上自局の呼出名称（又は呼出符号）を送信しなければならない。（運126の２−２、18−１）

⑵　一括呼出し

ア　免許状に記載された通信の相手方である無線局を一括して呼び出そうとするとき（無線電話の場合）は、次の事項を順次送信するものとする。（運127−１、14−１、18−１）

①	各局	３回
②	こちらは	１回
③	自局の呼出名称（又は呼出符号）	３回以下
④	どうぞ	１回

イ　アの一括呼出しに対する各無線局の応答順位は、関係の免許人においてあらかじめ定めておかなければならない。（運127−２）

ウ　アの呼出しを受けた無線局は、イの順序に従って応答しなければならない。（運127−３）

⑶　通報送信の特例

特に急を要する内容の通報を送信する場合であって、相手局が受信していることが確実であるときは、相手局の応答を待たないで通報を送信することができる。（運127の２）

⑷　特定局あて一括呼出し

ア　２以上の特定の無線局を一括して呼び出そうとするとき（無線電話の場合）は、次に掲げる事項を順次送信して行うものとする。

（運127の３−１、14−１、18−１）

①	相手局の呼出名称（又は呼出符号）	それぞれ２回以下
②	こちらは	１回
③	自局の呼出名称（又は呼出符号）	３回以下
④	どうぞ	１回

イ　アの相手局の呼出名称（又は呼出符号）は、「各局」に地域名を付したものをもって代えることができる。　（運127の３－２）

⑸　各局あて同報

免許状に記載された通信の相手方に対して同時に通報を送信する場合（無線電話の場合）は、次に掲げる事項を順次送信して行うものとする。　（運127の４、59－１、14－１、18－１）

ア　各局	３回以下
イ　こちらは	１回
ウ　自局の呼出名称（又は呼出符号）	３回以下
エ　通報の種類	１回
オ　通報	２回以下

⑹　特定局あて同報

２以上の特定の通信の相手方に対して同時に通報を送信しようとするとき（無線電話の場合）は、⑷の特定局あて一括呼出しの場合における①から③までの事項に引き続き、通報を送信して行うものとする。　（運128－１）

5.7.2.4　携帯無線通信を行う基地局、広帯域移動無線アクセスシステムの基地局及びローカル５Ｇの基地局の監視制御等

⑴　監視制御機能及び保守運用体制

無線設備規則第３条第１号に規定する携帯無線通信（同条第４号の５及び第４号の７に規定するものに限る。）を行う基地局、同条第10号に規定する広帯域移動無線アクセスシステム（同条第12号及び第12号の２に規定するものに限る。）の基地局又は同条第15号に規定するローカル５Gの基地局であって、その空中線電力が１ワットを超えるものは、その無線設備の機能を維持するため、次に掲げる監視制御機能及び保守運用体制について、それぞれに定める対策の下、運用するよう努めるものとする。　（運137条の２抜粋）

ア　監視制御機能

① 無線設備の動作状況を監視し、周波数及び空中線電力について無線設備規則の許容偏差から外れるような故障の原因となる設備的な異常や環境の変化等を速やかに検知し、通報する機能を設けること。

② 無人施設の無線設備には、始動・停止等の遠隔操作機能を設けること。

③及び④　（省略）

イ　保守運用体制

① 24時間365日にわたる保守運用体制を整備すること。なお、保守の委託を行う場合は、契約書等により保守作業の範囲及び責任の範囲を明確にすること。

② 作業の分担、連絡体系、責任の範囲等の保守運用体制を明確にすること。

③及び④　（省略）

(2) 監視制御機能及び保守運用体制に係る対策に関する確認等

無線局運用規則第137条の２に規定する基地局の免許人は、同条に規定する監視制御機能及び保守運用体制に係る対策を講じていることについて、当該免許人に属する基地局の無線設備の設置場所を管轄する総合通信局長に確認を求めることができる。（施43条の６－１）

5.7.3 地上基幹放送局及び地上一般放送局の運用

(1) 地上基幹放送局及び地上一般放送局は、放送の開始及び終了に際しては、自局の呼出符号又は呼出名称（国際放送を行う地上基幹放送局にあっては、周波数及び送信方向を、テレビジョン放送を行う地上基幹放送局及びエリア放送を行う地上一般放送局にあっては、呼出符号又は呼出名称を表す文字による視覚の手段を併せて）を放送しなければならない。ただし、これを放送することが困難であるか又は不合理である地上基幹放送局若しくは地上一般放送局であって、別に告示するものについては、この限りでない。　（運138－１）

（注） エリア放送とは、一の市町村（特別区を含み、政令指定都市にあっては、区とする。）の一部の区域のうち、特定の狭小な区域における需要に応えるための放送をいう。 （放施142②）

(2) 地上基幹放送局及び地上一般放送局は、放送している時間中は、毎時１回以上自局の呼出符号又は呼出名称（国際放送を行う地上基幹放送局にあっては、周波数及び送信方向を、テレビジョン放送を行う地上基幹放送局及びエリア放送を行う地上一般放送局にあっては、呼出符号又は呼出名称を表す文字による視覚の手段を併せて）を放送しなければならない。ただし、(1)のただし書に規定する地上基幹放送局若しくは地上一般放送局の場合又は放送の効果を妨げるおそれがある場合は、この限りでない。 （運138－2）

(3) (2)の場合において地上基幹放送局及び地上一般放送局は、国際放送を行う場合を除くほか、自局であることを容易に識別することができる方法をもって自局の呼出符号又は呼出名称に代えることができる。 （運138－3）

(4) 地上基幹放送局及び地上一般放送局は、無線機器の試験又は調整のため電波の発射を必要とするときは、発射する前に自局の発射しようとする電波の周波数及びその他必要と認める周波数によって聴守し、他の無線局の通信に混信を与えないことを確かめた後でなければその電波を発射してはならない。 （運139－1）

(5) 地上基幹放送局及び地上一般放送局は、(4)の電波を発射したときは、その電波の発射の直後及びその発射中10分ごとを標準として、試験電波である旨及び「こちらは（外国語を使用する場合は、これに相当する語）」を前置した自局の呼出符号又は呼出名称（テレビジョン放送を行う地上基幹放送局及びエリア放送を行う地上一般放送局は、呼出符号又は呼出名称を表す文字による視覚の手段をあわせて）を放送しなければならない。 （運139－2）

(6) 地上基幹放送局及び地上一般放送局が試験又は調整のために送信する音響又は映像は、当該試験又は調整のために必要な範囲内のも

のでなければならない。（運139－３）

(7)　地上基幹放送局及び地上一般放送局において試験電波を発射するときは、無線電話通信の略語を使用しないで、レコード又は低周波発振器による音声出力によってその電波を変調することができる。

（運139－４）

(8)　緊急警報信号の使用

ア　地上基幹放送局及び地上一般放送局は、次の表の左欄に掲げる場合において、災害の発生の予防又は被害の軽減に役立つようにするため必要があると認めるときは、それぞれ右欄に掲げる緊急警報信号を前置して放送することができる。（運138の２－１）

区　　　　　別	前置する緊急警報信号
１　大規模地震対策特別措置法第９条第１項の規定により警戒宣言が発せられたことを放送する場合	第一種開始信号
２　災害対策基本法第57条の規定により求められた放送を行う場合	
３　気象業務法第13条第１項の規定による津波警報又は同法第13条の２第１項の規定による津波特別警報が発せられたことを放送する場合	第二種開始信号

イ　地上基幹放送局及び地上一般放送局は、アに規定する緊急警報信号を前置して放送したときは、速やかに終了信号を送らなければならない。（運138の２－２）

ウ　緊急警報信号は、ア及びイに規定する場合のほかは使用してはならない。（運138の２－３）

(9)　受信機の機能確認のための緊急警報信号の使用

ア　地上基幹放送局及び地上一般放送局は、受信者が待受状態にある受信機の機能確認をすることができるようにするため必要があると認めるときは、(8)ウの規定にかかわらず、試験信号として終了信号を送ることができる。（運139の２－１）

イ　アの規定により終了信号を送るときは、その前後に受信機の機能確認のためのものであることを放送しなければならない。

（運139の２－２）

⑽　混信の防止

エリア放送を行う地上一般放送局にあっては、自局の発射する電波が他の無線局の運用又は放送の受信に支障を与え、又は与えるおそれがあるときは、速やかに当該周波数による電波の発射を中止しなければならない。（運139の３）

5.7.4　特別業務の無線局及び標準周波数局の運用

特別業務の局（携帯無線通信等を抑止する無線局、2.5GHz帯の周波数の電波を使用して道路交通情報通信を行う無線局及びA３E電波1,620kHz又は1,629kHzの周波数の電波を使用する空中線電力10ワット以下の無線局を除く。）及び標準周波数局の運用に関する次に掲げる事項は、告示する。（運140）

⑴　電波の発射又は通報の送信を行う時刻

⑵　電波の発射又は通報の送信の方法

⑶　その他当該業務について必要と認める事項

5.7.5　航空移動業務等の無線局の運用

航空移動業務の無線局は、空港や航空路を航行する航空機と航空交通管制機関との間の航空交通管制通信、航空運送事業に従事する航空機と航空会社との間の運航管理通信、航空機使用事業に従事する航空測量や農薬散布等を行う航空機と運航会社との間の航空業務通信その他自家用航空機と飛行援助用の航空局（フライトサービス）との間の通信等を行うことを目的としている。したがって、これらの通信を円滑に実施するため、運用義務時間、聴守義務、その他必要な特別の規定が設けられている。

5.7.5.1　航空機局の運用

航空機局の運用は、その航空機の航行中及び航行の準備中に限る。ただし、次の場合は、その航空機が航行中又は航行の準備中以外でも運用することができる。（法70の２-１、施37、運142）

⑴　受信装置のみを運用するとき。

⑵　遭難通信、緊急通信、安全通信、非常通信、放送の受信その他総務省令で定める通信（無線機器の試験又は調整のための通信）を行うとき。

⑶　無線通信によらなければ他に連絡手段がない場合であって、急を要する通報を航空移動業務の無線局に送信するとき。

⑷　総務大臣又は総合通信局長が行う無線局の検査に際してその運用を必要とするとき。

5.7.5.2　航空局の指示に従う義務

⑴　航空局又は海岸局は、航空機局から自局の運用に妨害を受けたときは、妨害している航空機局に対して、その妨害を除去するために必要な措置をとることを求めることができる。（法70の２-２）

⑵　航空機局は、航空局と通信を行う場合において、通信の順序若しくは時刻又は使用電波の型式若しくは周波数について、航空局から指示を受けたときは、その指示に従わなければならない。

（法70の２-３）

5.7.5.3　運用義務時間

⑴　義務航空機局及び航空機地球局の場合

ア　義務航空機局の運用義務時間は、その航空機の航行中常時とする。（法70の３-１、運143-１）

イ　航空機地球局の運用義務時間は、航空機の安全運航又は正常運航に関する通信を行うものは、その航空機が別に告示する区域を航行中常時、航空機の安全運航又は正常運航に関する通信を行わ

ないものは、運用可能な時間とする。（法70の３－１、運143－２）

⑵　航空局及び航空地球局は、常時運用しなければならない。ただし、別に告示する場合（航空交通管制に関する通信を取り扱わない航空局の場合等）は、この限りでない。（法70の３－２、運144）

5.7.5.4　聴守義務

⑴　航空局、航空地球局及び航空機地球局の場合

航空局、航空地球局及び航空機地球局は、その運用義務時間中は、航空局にあっては電波の型式Ａ３Ｅ又はＪ３Ｅにより、航空地球局にあっては電波の型式Ｇ１Ｄ又はＧ７Ｗにより、航空機地球局にあっては電波の型式Ｇ１Ｄ、Ｇ７Ｄ、Ｇ７Ｗ、Ｄ７Ｗ又はＱ７Ｗにより、それぞれ告示された周波数で聴守しなければならない。ただし、総務省令で定める場合は、この限りでない。（法70の４、運146－１、－２、－５）

⑵　義務航空機局の場合

義務航空機局は、その運用義務時間中は、電波の型式Ａ３Ｅ又はＪ３Ｅにより次に掲げる周波数で聴守しなければならない。

（法70の４、運146－３）

ア　航行中の航空機の義務航空機局にあっては、121.5MHz及び当該航空機が航行する区域の責任航空局（当該航空機の航空交通管制に関する通信について責任を有する航空局をいう。）が指示する周波数

イ　航空法第96条の２（航空交通情報入手のための連絡）第２項の規定の適用を受ける航空機の義務航空機局にあっては、交通情報航空局が指示する周波数

（注）　交通情報航空局とは、航空法施行規則第202条の４の規定による航空交通情報の提供に関する通信を行う航空局をいう。（運146－３）

（参考）　航空機は、航空交通情報圏又は民間訓練試験空域において航行を行う場合は、当該空域における他の航空機の航行に関する情報を入手することが義務付けられている。（航空法96条の２）

⑶　聴守を要しない場合

⑴のただし書の規定により、航空局、義務航空機局及び航空機地球局が聴守を要しない場合は、次のとおりである。

（法70の４、運147）

ア　航空局については、現に通信を行っている場合で聴守することができないとき。

イ　義務航空機局については、責任航空局又は交通情報航空局がその指示した周波数の電波の聴守の中止を認めたとき又はやむを得ない事情により⑵の121.5MHzの電波の聴守をすることができないとき。

ウ　航空地球局については、航空機の安全運航又は正常運航に関する通信を取り扱っていない場合

エ　航空機地球局については、次の場合

①　航空機の安全運航又は正常運航に関する通信を取り扱っている場合は、現に通信を行っている場合で聴守することができないとき。

②　航空機の安全運航又は正常運航に関する通信を取り扱っていない場合

5.7.5.5　航空機局の通信連絡

⑴　航空機局は、その航空機の航行中は、総務省令で定める方法（5.7.5.8参照）により、総務省令で定める航空局（責任航空局又は交通情報航空局とする。ただし、航空交通管制に関する通信を取り扱う航空局で他に適当なものがあるときは、その航空局とする。）と連絡しなければならない。（法70の５、運149－１）

⑵　責任航空局に対する連絡は、やむを得ない事情があるときは、他の航空機局を経由して行うことができる。（運149－２）

⑶　交通情報航空局に対する連絡は、やむを得ない事情があるときは、これを要しない。（運149－３）

5.7.5.6　通信の優先順位

⑴　航空移動業務及び航空移動衛星業務における通信の優先順位は、次の順序によるものとする。（運150－1）

ア　遭難通信

イ　緊急通信

ウ　無線方向探知に関する通信

エ　航空機の安全運航に関する通信

オ　気象通報に関する通信（エに掲げるものを除く。）

カ　航空機の正常運航に関する通信

キ　アからカまでの通信以外の通信

⑵　ノータム（航空施設、航空業務、航空方式又は航空機の航行上の障害に関する事項で、航空機の運行関係者に迅速に通知すべきものを内容とする通報をいう。）に関する通信は、緊急の度に応じ、緊急通信に次いでその順位を適宜に選ぶことができる。（運150－2）

5.7.5.7　無線設備等保守規程の認定等

⑴　航空機局等（航空機局又は航空機地球局（電気通信業務を行うことを目的とするものを除く。）をいう。）の免許人は、総務省令で定めるところにより、当該航空機局等に係る無線局の基準適合性（無線局の無線設備、無線従事者の資格及び員数、時計及び書類が電波法の規定にそれぞれ違反していないことをいう。）を確保するための無線設備等の点検その他の保守に関する規程（「無線設備等保守規程」という。）を作成し、これを総務大臣に提出して、その認定を受けることができる。（法70の5の2－1）

⑵　総務大臣は、⑴の認定の申請があった場合において、その申請に係る無線設備等保守規程が次のいずれにも適合していると認めるときは、⑴の認定をするものとする。（法70の5の2－2）

ア　航空機局等の定期検査の時期を勘案して総務省令で定める時期ごとに、その申請に係る航空機局等に係る無線局の基準適合性を確認するものであること。

イ　その申請に係る航空機局等に係る無線局の基準適合性を確保するために十分なものであること。

(3)　(1)の認定を受けた者（「認定免許人」という。）は、毎年、総務省令で定めるところにより、(1)の認定を受けた無線設備等保守規程に従って行う当該認定に係る航空機局等の無線設備等の点検その他の保守の実施状況について総務大臣に報告しなければならない。

（法70の５の２－６）

(4)　総務大臣は、次のいずれかに該当するときは、(1)の認定を取り消すことができる。（法70の５の２－７）

ア　(1)の認定を受けた無線設備等保守規程が(2)のいずれかに適合しなくなったと認めるとき。

イ　認定免許人が(1)の認定を受けた無線設備等保守規程に従って当該認定に係る航空機局等の無線設備等の点検その他の保守を行っていないと認めるとき。

ウ　認定免許人が不正な手段により(1)の認定又は変更の認定を受けたとき。

(5)　認定免許人が開設している(1)の認定に係る航空機局等については、定期検査の実施の規定は、適用しない。（法70の５の２-10）

(6)　(2)のアの無線局の技術基準適合性を確認する時期は、航空機局又は航空機地球局の種別ごと総務省令で定めている。（施行40の２）

(7)　(3)の総務大臣に対する報告は、前年４月１日（無線設備等保守規程の認定を受けた年度にあっては当該認定を受けた日）から当年３月31日までの点検その他の保守の実施状況について、毎年６月末日までに所定の様式の報告書1通及びその写し２通を総務大臣に提出して行うものとする。（施行40の４）

5.7.5.8　通信方法

(1)　周波数等の使用区別

航空移動業務に使用する電波の型式及び周波数の使用区別は、特に指示する場合を除くほか、別に告示するところによるものとする。

（運152）

⑵　121.5MHzの使用制限

121.5MHzの電波の使用は、次に掲げる場合に限る。　（運153）

ア　急迫の危険状態にある航空機の航空機局と航空局との間に通信を行う場合で、通常使用する電波が不明であるとき又は他の航空機局のために使用されているとき。

イ　捜索救難に従事する航空機の航空機局と遭難している船舶の船舶局との間に通信を行うとき。

ウ　航空機局相互間又はこれらの無線局と航空局若しくは船舶局との間に共同の捜索救難のための呼出し、応答又は準備信号の送信を行うとき。

エ　121.5MHz以外の周波数の電波を使用することができない航空機局と航空局との間に通信を行うとき。

オ　無線機器の試験又は調整を行う場合で、総務大臣が別に告示する方法により試験信号の送信を行うとき。

カ　アからオまでに掲げる場合を除くほか、急を要する通信を行うとき。

⑶　連絡設定の方法

ア　呼出しの方法

航空移動業務における無線電話による呼出しは、次の事項（「呼出事項」という。）を順次送信して行う。（運20－1、18－1、154の2）

①　相手局の呼出名称（又は呼出符号）　　３回以下

②　自局の呼出名称（又は呼出符号）　　３回以下

イ　呼出しの反復

無線電話通信においては、航空機局は、航空局に対する呼出しを行っても応答がないときは、少なくとも10秒間の間隔を置かなければ、呼出しを反復してはならない。　（運154の３）

ウ　応答の方法

無線局は、自局に対する呼出しを受信したときは、直ちに応答しなければならない。（運23－1）

航空移動業務における無線電話による応答は、次の事項（「応答事項」という。）を順次送信して行う。（運23－2、18－2、154の２）

①　相手局の呼出名称（又は呼出符号）　１回
②　自局の呼出名称（又は呼出符号）　１回

⑷　使用電波の指示

ア　責任航空局の指示

①　責任航空局は、自局と通信する航空機局に対し、使用区別の範囲内において、当該通信に使用する電波の指示をしなければならない。ただし、周波数の使用区別により当該航空機局の使用する電波が特定している場合は、この限りでない。（運154－1）

②　交通情報航空局は、自局と通信する航空法第96条の２第２項の規定の適用を受ける航空機の航空機局に対し、⑴の周波数の使用区別の範囲内において、当該通信に使用する電波の指示をしなければならない。ただし、当該周波数の使用区別により当該航空機局の使用する電波が特定している場合は、この限りでない。（運154－2）

③　航空機局は、①又は②の規定により指示された電波によることを不適当と認めるときは、その指示をした責任航空局又は交通情報航空局に対し、その指示の変更を求めることができる。（運154－3）

イ　航空無線電話通信網に属する責任航空局の指示等

①　航空無線電話通信網に属する責任航空局は、ア①による電波の指示に当たっては、第１周波数（当該航空無線電話通信網内の通信において一次的に使用する電波の周波数をいう。）及び第２周波数（当該航空無線電話通信網内の通信において二次的に使用する電波の周波数をいう。）をそれぞれ区別して指示し

なければならない。（運154－4）

② ①の責任航空局は、ア①及びイ①により電波の指示をしたときは、所属の航空無線電話通信網内の他の航空局に対し、その旨及び指示した電波の周波数を通知しなければならない。使用電波の指示を変更したときも、同様とする。（運154－5）

（注） 航空無線電話通信網とは、一定の区域において、航空機局及び２以上の航空局が共通の周波数の電波により運用され、一体となって形成する無線電話通信の系統をいう。（施２－１㉜）

5.7.5.9 遭難通信

⑴ 意義

遭難通信の定義は、5.1⑴アで記述したとおりである。

航空機が重大かつ急迫の危険に陥った場合とは、航空機が墜落、衝突、火災その他の事故に遭い、自力によって人命及び財貨を守ることができないような場合をいう。

⑵ 遭難通信の特則

ア 航空局、航空地球局、航空機局及び航空機地球局（「航空局等」という。）は、遭難通信を受信したときは、他の一切の無線通信に優先して、直ちにこれに応答し、かつ、遭難している船舶又は航空機を救助するため最も便宜な位置にある無線局に対して通報する等総務省令（運72）で定めるところにより救助の通信に関し最善の措置をとらなければならない。（法66－１、70の６－２）

イ 無線局は、遭難信号又は総務省令で定める方法により行われる無線通信を受信したときは、遭難通信を妨害するおそれのある電波の発射を直ちに中止しなければならない。（法66－２、70の６－２）

ウ 遭難通信は、絶対的な優先順位で取り扱うこと及び最善の措置をとることのほか、次のような特則が規定されている。

① 免許状に記載された目的又は通信の相手方若しくは通信事項の範囲を超え、又は運用許容時間外でもこの通信を行うことが

できる。（法52、55）

② 免許状に記載された電波の型式及び周波数、空中線電力等の範囲を超えてこの通信を行うことができる。（法53、54）

③ 他の無線局等にその運用を阻害するような混信その他の妨害を与えてもその通信を行うことができる。（法56－1）

④ 航空機が航行中又は航行の準備中でない場合でも遭難通信を行うことができる。（法70の2－1）

⑶ 遭難通信の使用電波

ア　遭難航空機局が遭難通信に使用する電波は、責任航空局又は交通情報航空局から指示されている電波がある場合にあっては当該電波、その他の場合にあっては航空機局と航空局との間の通信に使用するためにあらかじめ定められている電波とする。ただし、当該電波によることができないか又は不適当であるときは、この限りでない。（運168－1）

イ　アの電波は、遭難通信の開始後において、救助を受けるため必要と認められる場合に限り、変更することができる。この場合においては、できる限り、当該電波の変更についての送信を行わなければならない。（運168－2）

ウ　遭難航空機局は、アの電波を使用して遭難通信を行うほか、J３E電波2,182kHz又はF３E電波156.8MHzを使用して遭難通信を行うことができる。（運168－3）

⑷ 責任者の命令

航空機地球局における遭難呼出し、遭難通報の送信、緊急通信等は、その航空機の責任者の命令がなければ行うことができない。

（運177－3、71）

⑸ 遭難通報のあて先

航空機局が無線電話により送信する遭難通報（海上移動業務の無線局にあてるものを除く。）は、当該航空機局と現に通信を行っている航空局、責任航空局又は交通情報航空局その他適当と認める航

空局にあてるものとする。ただし、状況により、必要があると認めるときは、あて先を特定しないことができる。（運169）

⑹　遭難通報の送信事項等

航空機局又は航空機地球局が無線電話により送信する遭難通報は、遭難信号（「メーデー」又は「遭難」）（なるべく３回）に引き続き、できる限り、次に掲げる事項を順次送信して行うものとする。ただし、遭難航空機局又は遭難航空機地球局以外の航空機局又は航空機地球局が送信する場合には、その旨を明示して、次に掲げる事項と異なる事項を送信することができる。（運170－1、－2）

ア　相手局の呼出符号又は呼出名称（遭難通報のあて先を特定しない場合を除く。）

イ　遭難した航空機の識別又は遭難航空機局の呼出符号若しくは呼出名称

ウ　遭難の種類

エ　遭難した航空機の機長のとろうとする措置

オ　遭難した航空機の位置、高度及び針路

⑺　遭難信号の前置

無線電話による遭難信号（海上移動業務の無線局と通信を行う場合のものを除く。）は、⑹の場合を除くほか、必要に応じ、遭難通信に係る呼出し及び通報の送信に前置するものとする。（運171）

⑻　遭難通報等を受信した場合の措置

ア　遭難通報等を受信した航空局のとるべき措置

①　航空局は、自局をあて先として送信された遭難通報を受信したときは、直ちにこれに応答しなければならない。（運171の３－1）

②　航空局は、自局以外の無線局（海上移動業務の無線局を除く。）をあて先として送信された遭難通報を受信した場合において、これに対する当該無線局の応答が認められないときは、遅滞なく、当該遭難通報に応答しなければならない。ただし、他の無線局が既に応答した場合にあっては、この限りでない。

（運171の３－2）

③　航空局は、あて先を特定しない遭難通報を受信したときは、遅滞なく、これに応答しなければならない。ただし、他の無線局が既に応答した場合にあっては、この限りでない。

（運171の３－３）

④　航空局は、①、②及び③の規定により遭難通報に応答したときは、直ちに当該遭難通報を航空交通管制の機関に通報しなければならない。（運171の３－４）

⑤　航空局は、携帯用位置指示無線標識の通報、衛星非常用位置指示無線標識の通報又は航空機用救命無線機等の通報を受信したときは、直ちにこれを航空交通管制の機関に通報しなければならない。（運171の３－５）

イ　遭難通報等を受信した航空地球局のとるべき措置

航空地球局は、遭難通報を受信したときは、遅滞なく、これに応答し、かつ、当該遭難通報を航空交通管制の機関に通報しなければならない。（運171の４）

ウ　遭難通報等を受信した航空機局のとるべき措置

①　航空機局は、自局以外の無線局（海上移動業務の無線局を除く。）をあて先として送信された遭難通報を受信した場合において、これに対する当該無線局の応答が認められないときは、遅滞なく、当該遭難通報に応答しなければならない。ただし、他の無線局が既に応答した場合にあっては、この限りでない。

（運171の５、171の３－２）

②　航空機局は、あて先を特定しない遭難通報を受信したときは、遅滞なく、これに応答しなければならない。ただし、他の無線局が既に応答した場合にあっては、この限りでない。

（運171の５、171の３－３）

③　航空機局は、①及び②により遭難通報に応答したときは、直ちに当該遭難通報を航空交通管制の機関に通報しなければならない。（運171の５、171の３－４）

④　航空機局は、携帯用位置指示無線標識の通報、衛星非常用位置指示無線標識の通報又は航空機用救命無線機等の通報を受信したときは、直ちにこれを航空交通管制の機関に通報しなければならない。　（運171の5、171の3-5）

⑼　遭難通報に対する応答

航空局又は航空機局は、遭難通報を受信した場合において、無線電話によりこれに応答するときは、次に掲げる事項（遭難航空機局と現に通信を行っている場合は、ウ及びエに掲げる事項）を順次送信して応答しなければならない。　（運172）

ア　遭難通報を送信した航空機局の呼出符号又は呼出名称　1回
イ　自局の呼出符号又は呼出名称　1回
ウ　了解又はこれに相当する他の略語　1回
エ　遭難又はこれに相当する他の略語　1回

⑽　遭難通信の宰領

ア　⑼により応答した航空局又は航空機局は、当該遭難通信の宰領を行い、又は適当と認められる他の航空局に当該遭難通信の宰領を依頼しなければならない。　（運172の2-1）

イ　アにより遭難通信の宰領を依頼した航空局又は航空機局は、遭難航空機局に対し、その旨を通知しなければならない。

（運172の2-2）

⑾　遭難通報等に応答した航空局のとるべき措置

航空機の遭難に係る遭難通報に対し応答した航空局は、次に掲げる措置をとらなければならない。　（運172の3）

ア　遭難した航空機が海上にある場合には、直ちに最も迅速な方法により、救助上適当と認められる海岸局に対し、当該遭難通報の送信を要求すること。

イ　当該遭難に係る航空機を運行する者に遭難の状況を通知すること。

⑿　通信停止の要求（無線電話による場合）

ア　遭難航空機局及び遭難通信を宰領する無線局は、遭難通信を妨害し又は妨害するおそれのあるすべての通信の停止を要求することができる。この要求は、次の事項を順次送信して行うものとする。（運177－1、85－1、154の2、18－1）

①　特定の無線局に対して要求する場合

(ア)　相手局の呼出名称（又は呼出符号）　3回以下

(イ)　自局の呼出名称（又は呼出符号）　3回以下

(ウ)　シーロンス　メーデー（又は通信停止遭難）

②　すべての無線局に対して要求する場合

(ア)　各局　3回以下

(イ)　自局の呼出名称（又は呼出符号）　3回以下

(ウ)　シーロンス　メーデー（又は通信停止遭難）

イ　遭難している船舶又は航空機の付近にある航空局又は航空機局は、必要と認めるときは、他の無線局に対し通信の停止を要求することができる。この要求は、無線電話により、次の事項を順次送信して行うものとする。（運177－1、85－2、154の2、18－1）

①　特定の無線局に対して要求する場合

(ア)　相手局の呼出名称（又は呼出符号）　3回以下

(イ)　自局の呼出名称（又は呼出符号）　3回以下

(ウ)　シーロンス　ディストレス（又は通信停止遭難）

②　すべての無線局に対して要求する場合

(ア)　各局　3回以下

(イ)　自局の呼出名称（又は呼出符号）　3回以下

(ウ)　シーロンス　ディストレス（又は通信停止遭難）

ウ　「シーロンス　メーデー」（又は「通信停止遭難」）の送信は、アの場合に限る。（運177－1、85－3、18－1）

(13)　遭難通信の終了

ア　遭難航空機局（遭難通信を宰領したものを除く。）は、その航空機について救助の必要がなくなったときは、遭難通信を宰領した無線局にその旨を通知しなければならない。（運173）

イ　遭難通信を宰領した航空局又は航空機局は、遭難通信が終了したときは、直ちに航空交通管制の機関及び遭難に係る航空機を運行する者にその旨を通知しなければならない。（運174）

ウ　イの場合を除き、遭難通信が終了した場合又は沈黙を守らせる必要がなくなった場合において、遭難通信を宰領した航空局又は航空機局が関係の無線局にその旨を通知しようとするときは、当該遭難に係る救助に関し責任のある機関の同意を得なければならない。（運174の２）

エ　遭難した航空機が海上にある場合に、⑾のアの措置をとった航空局は、遭難通信が終了したときは、当該海岸局に対し、遭難通信の終了に関する通報の送信を要求しなければならない。（運175）

⒁　一般通信の再開（無線電話による場合）

遭難通信が終了したときは、遭難通信を宰領した無線局は、遭難通信が行われた電波により、次の事項を順次送信して関係の無線局にその旨を通知しなければならない。（運177－１、89－２、154の２、18－１）

ア　メーデー（又は「遭難」）	１回
イ　各局	３回
ウ　自局の呼出符号又は呼出名称	１回
エ　遭難通信の終了時刻又は沈黙を守らせる必要がなくなった時刻	１回
オ　遭難した船舶又は航空機の名称又は識別	１回
カ　遭難航空機局又は遭難航空機地球局の識別信号	１回
キ　シーロンス　フィニィ（又は「遭難通信終了」）	１回
ク　さようなら	１回

5.7.5.10　緊急通信

⑴　意義

緊急通信の定義は、5.1⑴イで述べたとおりであるが、この通信は、「船舶又は航空機が重大かつ急迫した危険に陥るおそれがある場合その他緊急の事態が発生した場合」に行われるという点で遭難通信と異なっている。緊急通信が行われる具体例としては、次のものが挙げられる。

ア　事故による重傷者又は急病人の手当てについて医療救助を求めるとき。

イ　航空機内にある者の死傷又は航空機の安全阻害行為（ハイジャック）等により、航空機内の人命が危険にさらされるおそれがあるとき。

⑵　緊急通信の特則

ア　航空局等は、遭難通信に次ぐ優先順位をもって、緊急通信を取り扱わなければならない。（法70の６－２、67－１）

イ　航空局等は、緊急信号又は電波法第52条第２号の総務省令で定める方法（省略）により行われる無線通信を受信したときは、遭難通信を行う場合を除き、その通信が自局に関係のないことを確認するまでの間（無線電話による緊急信号を受信した場合には、少なくとも３分間）継続してその緊急通信を受信しなければならない。（法70の６－２、67－２、運177－１、93）

ウ　ア及びイのほか、次のような特則が規定されている。

①　免許状に記載された目的又は通信の相手方若しくは通信事項の範囲を超え、又は運用許容時間外でもこの通信を行うことができる。（法52、55）

②　他の無線局等にその運用を阻害するような混信その他の妨害を与えてもその通信を行うことができる。（法56－１）

③　航空機が航行中又は航行の準備中でない場合でも緊急通信を行うことができる。（法70の２－１）

⑶　緊急通報の送信事項

ア　無線電話による緊急通報（海上移動業務の無線局にあてるものを除く。）は、緊急信号（「パン　パン」又は「緊急」）（なるべく３回）に引き続き、できる限り、次に掲げる事項を順次送信して

行うものとする。（運176）

① 相手局の呼出符号又は呼出名称（緊急通報のあて先を特定しない場合を除く。）

② 緊急の事態にある航空機の識別又はその航空機の航空機局の呼出符号若しくは呼出名称

③ 緊急の事態の種類

④ 緊急の事態にある航空機の機長のとろうとする措置

⑤ 緊急の事態にある航空機の位置、高度及び針路

⑥ その他必要な事項

イ 緊急通報には、原則として普通語を使用しなければならない。

（運177－1、91－2）

⑷ 緊急信号を受信した場合の措置

ア 無線電話による緊急信号を受信した航空局、航空機局又は航空機地球局は、緊急通信が行われないか又は緊急通信が終了したことを確かめた上でなければ再び通信を開始してはならない。

（運177－1、93－2）

イ アの緊急通信が自局に対して行われるものでないときは、航空局、航空機局又は航空機地球局は、アの規定にかかわらず緊急通信に使用している周波数以外の周波数の電波により通信を行うことができる。（運177－1、93－3）

⑸ 緊急通報を受信した場合の措置

ア 航空局、航空地球局又は航空機局若しくは航空機地球局は、自局に関係のある緊急通報を受信したときは、直ちにその航空局、航空地球局又は航空機の責任者に通報する等必要な措置をしなければならない。（運177－1、93－4）

イ 航空機の緊急の事態に係る緊急通報に対し応答した航空局又は航空機局は、次に掲げる措置（航空機局にあっては、①の措置）をとらなければならない。（運176の2）

① 直ちに航空交通管制の機関に緊急の事態の状況を通知するこ

と。

② 緊急の事態にある航空機を運行する者に緊急の事態の状況を通知すること。

③ 必要に応じ、当該緊急通信の宰領を行うこと。

(6) 緊急通信の使用電波等

緊急通信の使用電波、責任者の命令、緊急通報のあて先、緊急信号の前置及び緊急通報に対する応答については、遭難通信のそれぞれの場合（5.7.5.9の(3)、(4)、(5)、(7)、(9)参照）が準用される。

（運177－２、－３）

5.7.6　宇宙無線通信の業務の無線局の運用

宇宙無線通信の業務の無線局の運用における混信の防止として、次のとおり規定されている。

(1) 対地静止衛星（地球の赤道面上に円軌道を有し、かつ、地球の自転軸を軸として地球の自転と同一の方向及び周期で回転する人工衛星をいう。）に開設する人工衛星局以外の人工衛星局及び当該人工衛星局と通信を行う地球局は、その発射する電波が対地静止衛星に開設する人工衛星局と固定地点の地球局との間で行う無線通信又は対地静止衛星に開設する衛星基幹放送局の放送の受信に混信を与えるときは、その混信を除去するために必要な措置を執らなければならない。（運262－１）

(2) 対地静止衛星に開設する人工衛星局と対地静止衛星の軌道と異なる軌道の他の人工衛星局との間で行われる無線通信であって、当該他の人工衛星局と地球の地表面との最短距離が対地静止衛星に開設する人工衛星局と地球の地表面との最短距離を超える場合にあっては、対地静止衛星に開設する人工衛星局の送信空中線の最大輻射の方向と当該人工衛星局と対地静止衛星の軌道上の任意の点とを結ぶ直線との間でなす角度が15度以下とならないよう運用しなければならない。（運262－２）

(3) 12.2GHzを超え12.44GHz以下の周波数の電波を受信する無線設備規則第54条の3第1項において無線設備の条件が定められている地球局が受信する電波の周波数の制御を行う地球局は、12.2GHzを超え12.44GHz以下の周波数の電波を使用する固定局からの混信を回避するため、当該電波を受信する地球局の受信周波数を適切に選択しなければならない。（運262－3）

(4) 無線設備規則第49条の23の5に規定する無線設備を使用する携帯移動地球局及び同規則第54条の3第3項に規定する無線設備を使用する地球局は、次に掲げる措置を講じなければならない。（運262の2）

ア 天頂を90度とした送信空中線の最大輻射の方向の仰角の値が25度以下とならないよう運用しなければならない。

イ及びウ （省略）

(5) (4)の規定は、無線設備規則第49条の23の6に規定する無線設備を使用する携帯移動地球局又は同規則第54条の3第4項に規定する無線設備を使用する地球局を運用するときについて準用する。（以下省略）（運262の3）

(6) 無線設備規則第49条の24の2に規定する無線設備を使用する携帯移動地球局は、次の表の左欄に掲げる区別に従い、それぞれ同表の右欄に掲げる海域においては、電波を発射してはならない。ただし、総務大臣が別に告示する場合は、この限りでない。（運262の4）

区　別	海　域	
5,925MHzを超え6,425MHz以下の周波数の電波を使用する場合	空中線の大きさが直径1.2メートル以上2.4メートル未満	全ての沿岸国の低潮線から330キロメートル以内の海域
	空中線の大きさが直径2.4メートル以上	全ての沿岸国の低潮線から300キロメートル以内の海域
14.0GHzを超え14.4GHz以下の周波数の電波を使用する場合	本邦以外の沿岸国の低潮線から125キロメートル以内の海域	
14.4GHzを超え14.5GHz以下の周波数の電波を使用する場合	全ての沿岸国の低潮線から125キロメートル以内の海域	

(7)　無線設備規則第49条の24の３に規定する無線設備を使用する携帯移動地球局は、次に掲げる措置を講じなければならない。

（運262の５）

ア　同一の通信の相手方である人工衛星局の同一のトランスポンダを使用して同一の周波数の電波を使用する１又は２以上の携帯移動地球局は、当該人工衛星局と隣接する人工衛星局との間で調整された隣接する人工衛星局方向の軸外等価等方輻射電力の総和の値を超えて運用しないこと。

イ及びウ　（省略）

5.7.7　実験等無線局、特定実験試験局及びアマチュア無線局の運用

(1)　実験等無線局の運用

実験等無線局を運用するときは、なるべく擬似空中線回路を使用しなければならない。（法57）

(2)　特定実験試験局の運用

ア　特定実験試験局は、その発射する電波の周波数と同一の周波数を使用する他の実験試験局の運用を阻害するような混信を与え、又は与えるおそれがあるときは、当該実験試験局の免許人相互間において無線局の運用に関する調整を行い、当該混信又は当該混信を与えるおそれを除去するために必要な措置を執らなければならない。（運263－１）

（注）特定実験試験局とは、総務大臣が公示する周波数、当該周波数の使用が可能な地域及び期間並びに空中線電力の範囲内で開設する実験試験局をいう。（無線局の開設の根本的基準６－２）

イ　アの規定は、無線局（実験試験局を除く。）の運用を阻害するような混信を与え、又は与えるおそれがあるときについて準用する。この場合において、アの規定中「ときは、当該実験試験局の免許人相互間において無線局の運用に関する調整を行い」とあるのは、「ときは」と読み替えるものとする。（運263－２）

ウ　ア及びイの規定は、無線局の開設を予定している者との調整について準用する。（運263－3）

(3)　アマチュア無線局の運用

ア　アマチュア無線局の行う通信には、暗語を使用してはならない。（法58）

イ　アマチュア局においては、その発射の占有する周波数帯幅に含まれているいかなるエネルギーの発射も、その局が動作することを許された周波数帯から逸脱してはならない。（運257）

ウ　アマチュア局は、自局の発射する電波が他の無線局の運用又は放送の受信に支障を与え、若しくは与えるおそれがあるときは、すみやかに当該周波数による電波の発射を中止しなければならない。ただし、遭難通信、緊急通信、安全通信及び非常の場合の無線通信を行う場合は、この限りでない。（運258）

エ　アマチュア業務に使用する電波の型式及び周波数の使用区別は、別に告示するところによるものとする（運258の２）

オ　アマチュア局の送信する通報は、他人の依頼によるものであってはならない。（運259）

カ　アマチュア局の無線設備の操作を行う者は、免許人（免許人が社団である場合は、その構成員）以外の者であってはならない。（運260）

5.8　罰則の特例

無線設備を使用して社会の秩序や善良な風俗に反する行為をした者又は公共のための重要な無線設備等を損壊するなどの反社会的な行為を行った者は、電波法の刑罰の規定によって罰せられる。それらの行為は電波法で定められた義務に違反するわけではないが、その行為自体が犯罪を構成することになるので、電波法の目的に沿って罰則が定められている。

(1)　自己若しくは他人に利益を与え、又は他人に損害を加える目的で、無線設備又は高周波利用通信設備によって虚偽の通信を発した者は、3年以下の懲役又は150万円以下の罰金に処する。（法106－1）

(2)　船舶遭難又は航空機遭難の事実がないのに、無線設備によって遭難通信を発した者は、3月以上10年以下の懲役に処する。（法106－2）

(3)　無線設備又は高周波利用通信設備によって日本国憲法又はその下に成立した政府を暴力で破壊することを主張する通信を発した者は、5年以下の懲役又は禁固に処する。（法107）

(4)　無線設備又は高周波利用通信設備によってわいせつな通信を発した者は、2年以下の懲役又は100万円以下の罰金に処する。（法108）

(5)　重要無線設備に関するもの

ア　次の無線設備を損壊し、又はこれに物品を接触し、その他その無線設備の機能に障害を与えて無線通信を妨害した者は、5年以下の懲役又は250万円以下の罰金に処する。（法108の2－1）

①　電気通信業務又は放送の業務の用に供する無線局の無線設備

②　人命若しくは財産の保護、治安の維持、気象業務、電気事業に係る電気の供給の業務若しくは鉄道事業に係る列車の運行の業務の用に供する無線局の無線設備

イ　アの未遂罪は、罰する。（法108の2－2）

無線電話通信に使用する略語　　（運別表４抜粋）

無線電話通信に用いる略語	無線電信通信の略符号	意　　義
遭難、MAYDAY 又は　メーデー	$\overline{SOS}$	遭難信号
緊急、PAN PAN 又は　パン　パン	XXX	この集合が３回送信されると緊急信号となる。
警報、SECURITE 又は　セキュリテ	TTT	この集合が３回送信されると安全信号となる。
衛生輸送体、MEDICAL 又はメディカル	YYY	
非常	$\overline{OSO}$	
各局	CQ	各局あて一括呼出し
医療	MDC	
こちらは	DE	……から（呼出局の呼出符号又は他の識別表示に前置して使用する。）
どうぞ	K	送信してください。
了解（又は　OK）	R	受信しました。
お待ちください	$\overline{AS}$	送信の待機を要求する符号
反復	RPT	
ただいま試験中	EX	
本日は晴天なり	VVV	調整符号
訂正 又は CORRECTION	$\overline{HH}$	
終り	$\overline{AR}$	送信の終了符号
さようなら	$\overline{VA}$	通信の完了符号
誰かこちらを呼びましたか	QRZ？	
明瞭度	QRK	
感度	QSA	
そちらは……に変えてください	QSU	
こちらは……に変更します	QSW	
こちらは……を聴取します	QSX	

無線電話通信に用いる略語	無線電信通信の略符号	意　　　義
通報が……通あります	ＱＴＣ	
通報はありません	ＱＲＵ	
通信停止遭難、ＳＥＥＬＯＮＣＥ ＭＡＹＤＡＹ 又は シーロンスメーデー	ＱＲＴ $\overline{\text{SOS}}$	
通信停止遭難、 SEELONCE DISTRESS 又は シーロンスディストレス	QRT DISTRESS	
遭難通信終了、 SEELONCE FEENEE 又は シーロンス フィニィ	ＱＵＭ	
沈黙一部解除*、 PRU-DONCE* 又は プルドンス*	ＱＵＺ	

（注１）＊を付した略語は、航空移動業務並びに航空、航空の準備及び航空の安全に関する情報を送信するための固定業務において使用してはならない。

（注２）国際通信においては、略語（MAYDAY、PAN PAN、SECURITE、SEELONCE MAYDAY、SEELONCE FEENEE、PRU-DONCE、CORRECTION、INTERCO及びこれらに相当する略語を除く。）は、必要に応じてこれに相当する外国語に代えるものとする。

［演習問題］

解答：282ページ

5－1　無線局を運用する場合における免許状又は登録状に記載された事項の遵守に関する次の記述のうち、電波法（第52条から第55条まで）の規定に照らし、これらの規定に定めるところに適合しないものを選べ。

①　無線局は、免許状に記載された目的又は通信の相手方若しくは通信事項（特定地上基幹放送局については放送事項）の範囲を超えて運用してはならない。ただし、遭難通信、緊急通信、安全通信、非常通信、放送の受信その他総務省令で定める通信については、この限りでない。

②　無線局は、免許状に記載された運用許容時間内でなければ、運用してはならない。ただし、遭難通信、緊急通信、安全通信、非常通信、放送の受信その他総務省令で定める通信を行う場合及び総務省令で定める場合は、この限りでない。

③　無線局を運用する場合においては、空中線電力は、免許状又は登録状に記載されたところによらなければならない。ただし、遭難通信については、この限りでない。

④　無線局を運用する場合においては、無線設備の設置場所、識別信号、電波の型式及び周波数は、その無線局の免許状又は登録状に記載されたところによらなければならない。ただし、遭難通信については、この限りでない。

5－2　次の記述は、無線通信の秘密の保護について述べたものである。電波法（第59条及び第109条）の規定に照らし、［　　］内に適切な字句を記入せよ。

(1)　何人も法律に別段の定めがある場合を除くほか、［①］に対して行われる無線通信を傍受してその［②］を漏らし、又はこれを窃用してはならない。

(2)　無線局の取扱中に係る無線通信の秘密を漏らし、又は窃用した者は、［③］の懲役又は50万円以下の罰金に処する。

(3)　無線通信の業務に従事する者がその業務に関し知り得た(2)の秘密を漏らし、又は窃用したときは、［④］の懲役又は100万円以下の罰金に処する。

5－3　次に掲げる場合のうち、電波法（第57条）の規定に照らし、無線局がなるべく擬似空中線回路を使用しなければならないときに該当しないものを選べ。

①　実用化試験局を運用するとき。

②　実験等無線局を運用するとき。

③　基幹放送局の無線設備の機器の試験又は調整を行うために運用するとき。
④　固定局の無線設備の機器の試験又は調整を行うために運用するとき。

5－4　次の記述のうち、無線局運用規則（第10条）に定める無線通信の原則に該当しないものを選べ。
①　必要のない無線通信は、これを行ってはならない。
②　無線通信は、できる限り速い通信速度で行わなければならない。
③　無線通信を行うときは、自局の識別信号を付して、その出所を明らかにしなければならない。
④　無線通信は、正確に行うものとし、通信上の誤りを知ったときは、直ちに訂正しなければならない。

5－5　次の記述は、遭難通信を受信した場合の措置について述べたものである。電波法（第66条）の規定に照らし、[　　]内に適切な字句を記入せよ。
(1)　海岸局、海岸地球局、船舶局及び船舶地球局は、遭難通信を受信したときは、[①]に優先して、直ちにこれに応答し、かつ、遭難している船舶又は航空機を救助するため最も便宜な位置にある無線局に対して通報する等総務省令で定めるところにより救助の通信に関し[②]をとらなければならない。
(2)　無線局は、遭難信号又は総務省令で定める方法により行われる無線通信を受信したときは、遭難通信を妨害するおそれのある[③]を直ちに中止しなければならない。

5－6　次の記述は、時計及び業務書類の備付けについて述べたものである。電波法（第60条）並びに電波法施行規則（第38条）及び無線局運用規則（第３条）の規定に照らし、[　　]内に適切な字句を記入せよ。
(1)　無線局には、正確な時計及び[①]その他総務省令で定める書類を備え付けておかなければならない。ただし、総務省令で定める無線局については、これらの全部又は一部の備付けを省略することができる。
(2)　無線局に備え付けた時計は、その時刻を毎日１回以上[②]に照合しておかなければならない。
(3)　船舶局、無線航行移動局又は船舶地球局に備え付けた免許状は、[③]のある場所の見やすい箇所に掲げておかなければならない。ただし、掲示を困難とするものについては、その掲示を要しない。

第６章

監　督　等

6.1　監督の意義

監督とは、総務大臣が無線局の免許、許可等の権限との関連において、免許人等、無線従事者その他の無線局関係者等の電波法上の行為について、その行為がこれらの者が守るべき義務に違反することがないかどうか、又はその行為が適正に行われているかどうかについて絶えず注意し、行政目的を達成するために必要に応じて、指示、命令、処分等を行うことである。

総務大臣の行う監督は、その原因別に次の三つに分類することができる。

(1)　公益上の必要に基づく命令（免許人の責任となる事由がない場合）又は援助

(2)　不適法な運用に対する監督（免許人の責任となる事由がある場合）

(3)　一般的監督（電波法の施行を確保するための監督）

6.2　公益上の必要による命令等

6.2.1　周波数及び空中線電力の指定並びに人工衛星局の無線設備の設置場所の変更命令

(1)　総務大臣は、電波の規整その他公益上必要があるときは、無線局の目的の遂行に支障を及ぼさない範囲内に限り、当該無線局（登録局を除く。）の周波数若しくは空中線電力の指定を変更し、又は登録局の周波数若しくは空中線電力若しくは人工衛星局の無線設備の設置場所の変更を命ずることができる。（法71－1）

(2)　国は、(1)の規定による無線局の周波数若しくは空中線電力の指定の変更又は登録局の周波数若しくは空中線電力若しくは人工衛星局の無線設備の設置場所の変更を命じたことによって生じた損失を当該無線局の免許人等に対して補償しなければならない。　（法71－2）

(3)　(2)の規定により補償すべき損失は、(2)の処分によって通常生ずべき損失とする。　（法71－3）

(4)　(1)の規定により人工衛星局の無線設備の設置場所の変更の命令を受けた免許人は、その命令に係る措置を講じたときは、速やかに、その旨を総務大臣に報告しなければならない。　（法71－6）

6.2.2　特定周波数変更対策業務

(1)　制度の必要性

我が国における電波の利用は、携帯電話等の急速な普及により無線局数が増加し、電波に対する需要が急速に増大する中で非常にひっ迫した状態にある。今後混信等のない状態で安定的に電波を利用することができるようにし、さらに増大する電波の需要に対応するには、すでに行われたテレビジョン放送におけるアナログ方式からデジタル方式への移行の例に見られるように、新しい無線システムへの円滑な移行を進めることにより周波数のひっ迫状況を緩和することが必要になる。

このような観点から周波数割当計画を変更した場合において、周波数の変更に伴う無線設備の変更の工事を行う免許人等に対して給付金の交付等の援助をする措置を講じ、その円滑な移行を確保するため、特定周波数変更対策業務の制度が創設された。

(2)　特定周波数変更対策業務

総務大臣は、次のア、イ及びウに掲げる要件に該当する周波数割当計画又は基幹放送用周波数使用計画（「周波数割当計画等」という。）の変更を行う場合において、電波の適正な利用の確保を図るため必要があると認めるときは、予算の範囲内で、ウに規定する周波数又は空中線電力の変更に係る無線設備の変更の工事をしようとする免許人その他の無線設備の設置者に対して、当該工事に要する費用に充てるための給付金の支給その他の必要な援助（「特定周波数変更対策業務」という。）を行うことができる。　（法71の２－１）

ア　特定の無線局区分（無線通信の態様、無線局の目的及び無線設備についての電波法に定める技術基準を基準として総務省令で定める無線局の区分をいう。）の周波数の使用に関する条件として周波数割当計画等の変更の公示の日から起算して10年を超えない範囲内で周波数の使用の期限を定めるとともに、当該無線局区分（「旧割当区分」という。）に割り当てることが可能である周波数（「割当変更周波数」という。）を旧割当区分以外の無線局区分にも割り当てることとするものであること。

イ　割当変更周波数の割当てを受けることができる無線局区分のうち旧割当区分以外のもの（「新割当区分」という。）に旧割当区分と無線通信の態様及び無線局の目的が同一である無線局区分（「同一目的区分」という。）があるときは、割当変更周波数に占める同一目的区分に割り当てることが可能である周波数の割合が、４分の３以下であること。

ウ　新割当区分の無線局のうち周波数割当計画等の変更の公示と併せて総務大臣が公示するもの（「特定新規開設局」という。）の免許の申請に対して、当該周波数割当計画等の変更の公示の日から起算して５年以内に割当変更周波数を割り当てることを可能とするものであること。この場合において、当該周波数割当計画等の変更の公示の際現に割当変更周波数の割当てを受けている旧割当区分の無線局（「既開設局」という。）が特定新規開設局にその運用を阻害するような混信その他の妨害を与えないようにするため、あらかじめ、既開設局の周波数又は空中線電力の変更（既開設局の目的の遂行に支障を及ぼさない範囲内の変更に限り、周波数の変更にあっては割当変更周波数の範囲内の変更に限る。）をすることが可能なものであること。

⑶　指定周波数変更対策機関

ア　総務大臣は、その指定する者（「指定周波数変更対策機関」という。）に、特定周波数変更対策業務を行わせることができる。

（法71の３-１）

イ　指定周波数変更対策機関の指定は、特定周波数変更対策業務を行う周波数割当計画等の変更ごとに一を限り、特定周波数変更対策業務を行おうとする者の申請により行う。（法71の３-２）

ウ　総務大臣は、指定周波数変更対策機関の指定をしたときは、当該指定に係る特定周波数変更対策業務を行わないものとする。

（法71の３-３）

（以下省略）

6.2.3　特定周波数終了対策業務

⑴　制度の必要性

国民生活における電波利用の急増に伴い、周波数資源はひっ迫の度合いを強めている。今後における情報通信技術の一層の進展の下においては、新たな周波数資源の開発とともに、既存の周波数資源のより有効な活用が求められている。

電波法においては、電波の利用状況調査の結果に基づき既存の電波利用者の有効利用の程度を評価し、新たな参入ニーズも勘案して、真に周波数の有効利用が図られるような周波数割当計画を策定することが期待される。しかし、特に技術的に利用が容易で利用希望が集中する周波数帯については周波数の空きがないため、現在の用途を変更してその利用者を入れ替える必要性も考えられる。

ただ、既存の利用者も正規に免許を受け、少なくともその免許期間、通常はそれを超えて長期に周波数利用が可能であることを期待して設備投資等を行っているのであるから、その退出を円滑に行うためには、所要の経費を国が給付金として支給することにより、その経済的負担を最小化する必要がある。そのような観点から、平成

16年の法改正により、特定周波数終了対策業務の制度が創設された。

⑵　特定周波数終了対策業務

総務大臣は、その公示する無線局（「特定公示局」という。）の円滑な開設を図るため、有効利用評価（2.8参照）の結果に基づき周波数割当計画の変更をして、当該周波数割当計画の変更の公示の日から起算して5年（当該周波数割当計画の変更が免許人等に及ぼす経済的な影響を勘案して特に必要があると認める場合にあっては、10年。「基準期間」という。）に満たない範囲内で当該特定公示局に係る無線局区分以外の無線局区分に割り当てることが可能である周波数の一部又は全部について周波数の使用の期限（「旧割当期限」という。）を定める場合において、予算の範囲内で、旧割当期限が定められたことにより当該旧割当期限の満了の日までに無線局の周波数の指定の変更（登録局にあっては、周波数の変更登録）を申請し又は無線局を廃止しようとする免許人等に対して、基準期間に満たない期間内で旧割当期限が定められたことにより当該免許人等に通常生ずる費用として総務省令で定めるものに充てるための給付金の支給その他の必要な援助を行うことができる。この援助が特定周波数終了対策業務と呼ばれる。　（法71の2-2）

⑶　登録周波数終了対策機関

ア　総務大臣は、その登録を受けた者（「登録周波数終了対策機関」）に、特定周波数終了対策業務の全部又は一部を行わせることができる。　（法71の3の2-1）

イ　総務大臣は、アの規定により登録周波数終了対策機関に特定周波数終了対策業務を行わせることとしたときは、当該特定周波数終了対策業務を行わないものとする。　（法71の3の2-2）

ウ　アの登録は、総務省令で定めるところにより、特定周波数終了対策業務を行おうとする者の申請により行う。　（法71の3の2-3）

エ　総務大臣は、ウによる登録の申請者が次の各号（省略）のいずれにも適合しているときは、その登録をしなければならない。

（法71の３の２-４）

（以下省略）

6.3　不適法な運用に対する監督

6.3.1　技術基準適合命令

⑴　総務大臣は、無線設備が電波法に定める技術基準に適合していないと認めるときは、当該無線設備を使用する無線局の免許人等に対し、その技術基準に適合するように当該無線設備の修理その他の必要な措置をとるべきことを命ずることができる。（法71の５）

⑵　⑴規定による命令に違反した者は、１年以下の懲役又は100万円以下の罰金に処する。（法110⑦）

6.3.2　臨時の電波の発射停止

⑴　総務大臣は、無線局の発射する電波の質（3.3参照）が電波法第28条の総務省令で定めるものに適合していないと認めるときは、当該無線局に対して臨時に電波の発射の停止を命ずることができる。

（法72-１）

⑵　総務大臣は、⑴の命令を受けた無線局からその発射する電波の質が総務省令の定めるものに適合するに至った旨の申出を受けたときは、その無線局に電波を試験的に発射させなければならない。

（法72-２）

⑶　総務大臣は、⑵の規定により発射する電波の質が総務省令で定めるものに適合しているときは、直ちに⑴の停止を解除しなければならない。（法72-３）

⑷　⑴の規定による命令に違反した者は、１年以下の懲役又は100万円以下の罰金に処する。（法110⑧）

6.3.3　無線局の運用の停止及び周波数等の使用制限

⑴　総務大臣は、免許人等が電波法、放送法若しくはこれらの法律に

基づく命令又はこれらに基づく処分に違反したときは、３月以内の期間を定めて無線局の運用の停止を命じ、又は期間を定めて運用許容時間、周波数若しくは空中線電力を制限することができる。

（法76－１）

(2)　総務大臣は、包括免許人又は包括登録人が電波法、放送法若しくはこれらの法律に基づく命令又はこれらに基づく処分に違反したときは、３月以内の期間を定めて、包括免許又は包括登録に係る無線局の新たな開設を禁止することができる。（法76－２）

(3)　総務大臣は、(1)及び(2)の規定によるほか、登録人が電波法第３章に定める技術基準に適合しない無線設備を使用することにより他の登録局の運用に悪影響を及ぼすおそれがあるときその他登録局の運用が適正を欠くため電波の能率的な利用を阻害するおそれが著しいときは、３月以内の期間を定めて、その登録に係る無線局の運用の停止を命じ、運用許容時間、周波数若しくは空中線電力を制限し、又は新たな開設を禁止することができる。（法76－３）

(4)　(1)及び(2)の規定に違反した者は、次のとおり処罰される。

ア　(1)の規定によって電波の発射又は運用を停止された無線局を運用した者は、１年以下の懲役又は100万円以下の罰金に処する。

（法110⑧）

イ　(1)の規定による運用の制限に違反した者は、50万円以下の罰金に処する。（法112⑥）

ウ　(2)の規定による禁止に違反して無線局を開設した者は、１年以下の懲役又は100万円以下の罰金に処する。（法110⑩）

6.3.4　無線局の免許の取消し等

(1)　免許人の人格的欠格に基づく取消し

総務大臣は、免許人が電波法第５条の規定（2.2参照）により免許を受けることができない者となったとき、又は地上基幹放送の業務を行う認定基幹放送事業者の認定がその効力を失ったときは、当該免許を受けることができない者となった免許人の免許又は当該地上基幹放送の業務に用いられる無線局の免許を取り消さなければならない。(例外あり。(法75－2)) (法75－1)

⑵ 免許人の非違行為に基づく取消し

ア 総務大臣は、免許人（包括免許人を除く。）が次のいずれかに該当するときは、その免許を取り消すことができる。 (法76－4)

① 正当な理由がないのに、無線局の運用を引き続き6月以上休止したとき。

② 不正な手段により無線局の免許若しくは無線局の目的等の変更の許可を受け、又は周波数等の指定の変更を行わせたとき。

③ 無線局の運用の停止命令又は運用の制限（6.3.3参照）に従わないとき。

④ 免許人が電波法第5条第3項第1号の無線局の免許の欠格事由（2.2⑶ア参照）に該当するに至ったとき。

イ 総務大臣は、包括免許人が次の各号のいずれかに該当するときは、その包括免許を取り消すことができる。 (法76－5)

① 免許の際に指定された運用開始の期限（期限の延長があったときは、その期限）までに特定無線局の運用を全く開始しないとき。

② 正当な理由がないのに、その包括免許に係るすべての特定無線局の運用を引き続き6月以上休止したとき。

③ 不正な手段により包括免許若しくは変更の許可を受け、又は周波数又は指定無線局数などの指定の変更を行わせたとき。

④ 6.3.3⑴の規定による命令若しくは制限又は6.3.3⑵の規定による禁止に従わないとき。

⑤ 包括免許人が電波法第5条第3項第1号の無線局の免許の欠格事由（2.2⑶ア参照）に該当するに至ったとき。

ウ 総務大臣は、登録人が次の各号のいずれかに該当するときは、その登録を取り消すことができる。 (法76－6)

① 不正な手段により2.5の登録局の登録又は変更登録を受けたとき。

② 6.3.3⑴の規定による命令若しくは制限、6.3.3⑵の規定による禁止又は6.3.3⑶の規定による命令、制限若しくは禁止に従わないとき。

③ 登録人が電波法第５条第３項第１号（2.2⑶ア参照）に該当するに至ったとき。

エ　総務大臣は、上記ア（④を除く。）及びイ（⑤を除く。）の規定により免許の取消しをしたとき並びにウ（③を除く。）の規定により登録の取消しをしたときは、その免許人等であった者が受けている他の無線局の免許等又は特定基地局の開設計画若しくは無線設備等保守規程の認定を取り消すことができる。（法76－8）

6.3.5　無線従事者の免許の取消し及び従業停止

総務大臣は、無線従事者が次のいずれかに該当するときは、その免許を取り消し、又は３箇月以内の期間を定めてその業務に従事することを停止することができる。（法79－1）

⑴ 電波法若しくは電波法に基づく命令又はこれらに基づく処分に違反したとき。

⑵ 不正な手段により免許を受けたとき。

⑶ 著しく心身に欠陥があって無線従事者たるに適しない者となったとき。

6.4　一般的監督

6.4.1　定期検査

6.4.1.1　検査の実施等

⑴ 総務大臣は、総務省令で定める時期ごとに、あらかじめ通知する期日に、その職員を無線局（総務省令（⑶参照）で定めるものを除く。）に派遣し、その無線設備等（無線設備、無線従事者の資格及

び員数並びに時計及び書類）を検査させる。ただし、当該無線局の発射する電波の質又は空中線電力に係る無線設備の事項以外の事項の検査を行う必要がないと認める無線局については、その無線局に電波の発射を命じて、その発射する電波の質又は空中線電力の検査を行う。この検査を「定期検査」という。（法73－1）

⑵ ⑴の検査は、当該無線局についてその検査を⑴の総務省令で定める時期に行う必要がないと認める場合及びその無線局のある船舶又は航空機がその時期に外国地間を航行中の場合においては、⑴の規定にかかわらず、その時期を延期し、又は省略することができる。

（法73－2）

⑶ ⑴の総務省令で定めるもの（定期検査を行わない無線局）は、陸上移動局、携帯局、アマチュア局、簡易無線局、構内無線局（空中線電力が１ワットを超えるものを除く。）、空中線電力が１ワット以下の基地局及び携帯基地局、単一通信路の固定局等である。

（施41の２の６）

6.4.1.2 定期検査の実施時期

⑴ 無線局の免許（再免許を除く。）の日以後最初に行う定期検査の時期は、総務大臣又は総合通信局長が指定した時期とする。

（施41の３）

⑵ 6.4.1.1⑴の総務省令で定める時期は、電波法施行規則別表第５号において無線局の種別ごとに定める期間を経過した日の前後３月を超えない時期とする。ただし、免許人の申出により、その時期以外の時期に定期検査を行うことが適当であると認めて、総務大臣又は総合通信局長が定期検査を行う時期を別に定めたときは、この限りでない。（施41の４）

⑶ ⑵の別表第５号には、無線局の種別ごとに年数が定められており、演奏所を有する地上基幹放送局、義務船舶局であって旅客船や国際航海に従事する船舶に開設するもの、航空機局等は１年、固定局、

基地局等は５年である。（施別表５）

⑷　定期検査を拒み、妨げ、又は忌避した者は、６月以下の懲役又は30万円以下の罰金に処する。（法111）

⑸　6.4.1.1の規定による立入り検査の権限は、犯罪捜査のために認められたものと解釈してはならない。（法73－7）

6.4.1.3　定期検査の省略

⑴　定期検査は、当該無線局（人の生命又は身体の安全の確保のためその適正な運用の確保が必要な無線局として総務省令（登15）で定めるもの（⑶参照）を除く。）の免許人から、6.4.1.1⑴の規定により総務大臣が通知した期日の１月前までに、当該無線局の無線設備等について登録検査等事業者（無線設備等の点検の事業のみを行う者を除く。）が、総務省令で定めるところによりその登録に係る検査を行い、当該無線局の無線設備が工事設計に合致しており、かつ、その無線従事者の資格及び員数並びに時計及び書類が電波法の規定にそれぞれ違反していない旨を記載した証明書（検査結果証明書）の提出があったときは、省略することができる。（法73－3）

⑵　免許人から提出された検査結果を記載した書類（検査実施報告書及び検査実施報告書に添付された検査結果証明書）が適正なものであって、かつ、検査（点検である部分に限る。）を行った日から起算して３箇月以内に提出された場合は、定期検査が省略される。（施41の５）

⑶　人の生命又は身体の安全の確保のためその適正な運用の確保が必要な無線局として定期検査の省略の対象とならないものは、国等が免許人である警察用、消防用、航空保安用、航空管制用、気象用、海上保安用、防衛用、水防用、防災用、災害対策用等の無線局、地上基幹放送局、衛星基幹放送局、旅客船の船舶局、旅客船の船舶地球局、航空機局、航空機地球局等である。（登15）

6.4.1.4　定期検査の一部省略

(1)　定期検査は、当該無線局の免許人から、6.4.1.1(1)の規定により総務大臣が通知した期日の１箇月前までに、当該無線局の無線設備等について登録検査等事業者又は登録外国点検事業者が総務省令で定めるところにより行った当該登録に係る点検の結果を記載した書類((2)の無線設備等の点検実施報告書）の提出があったときは、その一部を省略することができる。（法73－4）

ただし、人の生命又は身体の安全の確保のためその適正な運用の確保が必要な無線局として総務省令で定める無線局（6.4.1.3(3)の無線局）で、国が開設するものは除かれる。（登19－3）

(2)　免許人から提出された無線設備等の点検実施報告書（点検結果通知書を添付しなければならない。）が適正なものであって、かつ、点検を実施した日から起算して３箇月以内に提出された場合は、検査の一部が省略される。（施41の６）

6.4.2　臨時検査

(1)　総務大臣は、次に掲げる場合には、その職員を無線局に派遣し、その無線設備等を検査させることができる。（法73－5）

ア　6.3.1で述べた無線設備の修理その他の必要な措置をとるべきことを命じたとき。

イ　無線局の発射する電波の質が総務省令で定めるものに適合しないと認めて、その無線局に対して臨時に電波の発射の停止を命じたとき。

ウ　イの命令を受けた無線局からその発射する電波の質が総務省令で定めるものに適合するに至った旨の申出があったとき。

エ　無線局のある船舶又は航空機が外国へ出港しようとするとき。

オ　その他電波法の施行を確保するため特に必要があるとき。

(2)　総務大臣は、(1)のエ又はオの場合において、その無線局の発射する電波の質又は空中線電力に係る無線設備の事項のみについて検査を行う必要があると認めるときは、その無線局に電波の発射を命じて、その発射する電波の質又は空中線電力の検査を行うことができる。（法73－６）

⑶　⑴の規定による検査を拒み、妨げ、又は忌避した者については、６月以下の懲役又は30万円以下の罰金に処する。（法111）

⑷　⑴の規定による立入検査の権限は、犯罪捜査のために認められたものと解釈してはならない。（法73－７）

6.4.3　無線局検査結果通知書等

⑴　検査結果等の通知

ア　総務大臣又は総合通信局長は、落成後の検査、変更検査、定期検査又は臨時検査を行い又はその職員に行わせたとき（落成後の検査、変更検査又は定期検査において検査の一部を省略したときを含む。）は、当該検査の結果に関する事項を所定の様式の無線局検査結果通知書により免許人等又は予備免許を受けた者に通知するものとする。（施39－１）

イ　総務大臣又は総合通信局長は、電波法第73条第３項（6.4.1.3⑴参照）の規定により検査を省略したときは、その旨を所定の様式の無線局検査省略通知書により免許人に通知するものとする。

（施39－２）

⑵　指示事項に対する措置

免許人等は、検査の結果について総務大臣又は総合通信局長から指示を受け相当な措置をしたときは、速やかにその措置の内容を総務大臣又は総合通信局長に報告しなければならない。（施39－３）

6.4.4　非常の場合の無線通信

⑴　総務大臣は、地震、台風、洪水、津波、雪害、火災、暴動その他非常の事態が発生し、又は発生するおそれがある場合においては、人命の救助、災害の救援、交通通信の確保又は秩序の維持のために

必要な通信を無線局に行わせることができる。この通信を「非常の場合の無線通信」という。（法74－1）

⑵　総務大臣が⑴により無線局に通信を行わせたときは、国は、その通信に要した実費を弁償しなければならない。（法74－2）

⑶　総務大臣は、非常の場合の無線通信の円滑な実施を確保するため必要な体制を整備するため、非常の場合における通信計画の作成、通信訓練の実施その他の必要な措置を講じておかなければならない。この措置を講じようとするときは、免許人等の協力を求めることができる。（法74の2－1、－2）

（参考）非常通信協議会

⑶の目的を達成するため、国、地方公共団体、その他無線局の免許人等で組織された「非常通信協議会」があり、毎年、非常災害時の通信体制の整備、非常通信訓練の実施などの活動をしている。

⑷　非常の場合の無線通信における通報の送信の優先順位は、次のとおりとする。同順位の内容のものであるときは、受付順又は受信順に従って送信しなければならない。また、これらの順位によることが不適当であると認める場合は、適当と認める順位に従って送信することができる。（運129－1、－2）

ア　人命の救助に関する通報

イ　天災の予報に関する通報（主要河川の水位に関する通報を含む。）

ウ　秩序維持のために必要な緊急措置に関する通報

エ　遭難者救援に関する通報（日本赤十字社の本社及び支社相互間に発受するものを含む。）

オ　電信電話回線の復旧のため緊急を要する通報

カ　鉄道線路の復旧、道路の修理、罹災者の輸送、救済物資の緊急輸送等のために必要な通報

キ　非常災害地の救援に関し、次の機関相互間に発受する緊急な通報

中央防災会議及び緊急災害対策本部並びに非常災害対策本部、

特定災害対策本部、地方防災会議等、災害対策本部

ク　電力設備の修理復旧に関する通報

ケ　その他の通報

(5)　通信方法等（無線電話通信の場合）

ア　非常の場合の無線通信において連絡を設定するための呼出し又は応答は、呼出事項又は応答事項（5.6.7(1)、(4)参照）に「非常」３回を前置して行うものとする。（運131、14－1、18－1）

イ　「非常」を前置した呼出しを受信した無線局は、応答する場合を除くほか、これに混信を与えるおそれのある電波の発射を停止して傍受しなければならない。（運132、14－1、18－1）

ウ　非常の場合の無線通信の訓練のための通信は、非常の場合の無線通信の通信方法に準じて行う。この場合、アにおいて前置する「ヒゼウ」は、「クンレン」を使用して行うものとする。

（運135の２、14－1、18－1）

エ　非常通信の取扱いを開始した後、有線通信の状態が復旧した場合は、すみやかにその取扱いを停止しなければならない。（運136）

この取扱いの停止については、5.7.2.2の非常通信の場合に適用されるものである。

(6)　(4)の通報の送信の優先順位及び(5)の通信方法等の規定は、準用規定（運137）もあって、5.7.2.2の非常通信における通信の方法にも適用されると解されている。

(7)　(1)の規定による総務大臣の処分に違反した者は、１年以下の懲役又は100万円以下の罰金に処する。（法110⑨）

6.4.5　報告の徴収

一般に行政庁は、一定の事務を執行する場合において、法令の執行を確保し、又は行政の公正適切な運用を図る目的で、その事務に関係のある個々の私人から報告を徴することが通常である。

電波法においても、一定の事項について報告を求める旨の規定を法

律に設け、又は法律に基づく施行命令として省令において報告について規定している。

⑴ 特定事項の報告

ア 無線局の免許人等は、次に掲げる場合は、総務省令で定める手続により、総務大臣に報告しなければならない。 （法80）

① 遭難通信、緊急通信、安全通信又は非常通信を行ったとき（免許人等以外の者が行ったときを含む。）。

② 電波法又は電波法に基づく命令の規定に違反して運用した無線局を認めたとき。

③ 無線局が外国において、あらかじめ総務大臣が告示した以外の運用の制限をされたとき。

イ アの報告は、できる限り速やかに、文書によって、総務大臣又は総合通信局長に報告しなければならない。この場合において、遭難通信及び緊急通信にあっては、当該通報を発信したとき又は遭難通信を宰領したときに限り、安全通信にあっては、総務大臣が別に告示する簡易な手続により、当該通報の発信に関し、報告するものとする。 （施42の４）

⑵ 不特定事項の報告

総務大臣は、無線通信の秩序の維持その他無線局の適正な運用を確保するため必要があると認めるときは、免許人等に対し、無線局に関し報告を求めることができる。 （法81）

⑶ 船舶局無線従事者証明に関する報告

ア 総務大臣は、電波法を施行するため必要があると認めるときは、船舶局無線従事者証明を受けている者に対し、船舶局無線従事者証明に関し報告を求めることができる。 （法81の２－１）

イ 総務大臣は、船舶局無線従事者証明を受けた者が4.7⑸ア又はイに該当する疑いのあるときは、その者に対し、総務省令で定めるところにより、当該船舶局無線従事者証明の効力を確認するための書類であって総務省令で定めるものの提出を求めることがで

きる。　　　　　　　　　　　　　　　　　　　（法81の2－2）

6.4.6　免許等を要しない無線局及び受信設備に対する監督

⑴　総務大臣は、免許等を要しない無線局（2.1⑵参照）の無線設備の発する電波又は受信設備が副次的に発する電波若しくは高周波電流が他の無線設備の機能に継続的かつ重大な障害を与えるときは、その設備の所有者又は占有者に対し、その障害を除去するために必要な措置をとるべきことを命ずることができる。　　　　（法82－1）

⑵　総務大臣は、免許等を要しない無線局の無線設備について又は放送の受信を目的とする受信設備以外の受信設備について⑴の措置をとるべきことを命じた場合において特に必要があると認めるときは、その職員を当該設備のある場所に派遣し、その設備を検査させることができる。　　　　（法82－2）

［演習問題］

解答：282ページ

6－1　次の記述は、周波数等の変更について述べたものである。電波法（第71条）の規定に照らし、□内に適切な字句を記入せよ。

総務大臣は、電波の規整その他［①］必要があるときは、無線局の目的の遂行に支障を及ぼさない範囲内に限り、当該無線局（登録局を除く。）の周波数若しくは［②］の指定を変更し、又は登録局の周波数若しくは空中線電力若しくは［③］の無線設備の設置場所の変更を命ずることができる。

6－2　次の記述は、技術基準適合命令について述べたものである。電波法（第71条の５）の規定に照らし、□内に適切な字句を記入せよ。

総務大臣は、無線設備が電波法に定める技術基準に適合していないと認めるときは、当該無線設備を使用する［①］に対し、その技術基準に適合するように当該無線設備の［②］その他の必要な措置をとるべきことを命ずることができる。

6－3　次の記述は、電波の発射の停止命令について述べたものである。電波法（第72条）の規定に照らし、□内に適切な字句を記入せよ。なお、同じ記号の□内には同じ字句が入るものとする。

⑴　総務大臣は、無線局の発射する［①］が総務省令で定めるものに適合していないと認めるときは、当該無線局に対して臨時に電波の発射の停止を命ずることができる。

⑵　総務大臣は、⑴の命令を受けた無線局からその発射する［①］が総務省令の定めるものに適合するに至った旨の申出を受けたときは、その無線局に［②］させなければならない。

⑶　総務大臣は、⑵の規定により発射する［①］が総務省令で定めるものに適合しているときは、直ちに⑴の停止を［③］しなければならない。

6－4　次に掲げる場合のうち、電波法（第73条第５項）の規定に照らし、総務大臣がその職員を無線局に派遣し、その無線設備等について検査させることができるときに該当しないものを選べ。

①　無線設備が電波法第３章（無線設備）に定める技術基準に適合していないと認め、総務大臣が当該無線設備を使用する無線局の免許人に対し、その技術基準に適合するように当該無線設備の修理その他の必要な措置を執るべきことを命じたとき。

② 無線局の発射する電波の質が電波法第28条の総務省令で定めるものに適合していないと認め、総務大臣が当該無線局に対して臨時に電波の発射の停止を命じたとき。
③ 無線局のある船舶が外国へ出港しようとするとき、その他電波法の施行を確保するため特に必要があるとき。
④ 無線局の検査の結果について指示を受けた免許人から、その指示に対する措置の内容に係る報告が総務大臣又は総合通信局長（沖縄総合通信事務所長を含む。）にあったとき。

6-5　次のうち、電波法（第76条）の規定により、総務大臣が無線局の免許を取り消すことができる場合に該当しないものを選べ。
① 電波法の規定により無線局の運用の停止命令を受けた免許人が命令に従わないとき。
② 不正な手段により無線局の免許を受けたとき。
③ 正当な理由がないのに無線局の運用を引き続き6月以上休止したとき。
④ 無線局の発射する電波の質が総務省令で定めるものに適合しないと認めるとき。

6-6　次のうち、電波法（第80条）の規定により、免許人が総務大臣に報告しなければならない場合に該当しないものを選べ。
① 遭難通信、緊急通信、安全通信又は非常通信を行ったとき。
② 電波法又は電波法に基づく命令の規定に違反して運用した無線局を認めたとき。
③ 無線局が外国において、あらかじめ総務大臣が告示した以外の運用の制限を受けたとき。
④ 電波法（102条の２）に規定する重要無線通信を行う無線局が混信その他の妨害を受けたとき。

第７章

雑　　則

7.1　高周波利用設備

高周波利用設備は、本来、電波を空間に発射することを目的とするものではないが、高周波電流を使用するため、漏えいする電波が空間に輻射され、その漏えい電波が混信又は雑音として他の無線通信を妨害するおそれがある。したがって、電波法では、無線通信に妨害を与えるおそれのある一定の周波数又は電力を使用する高周波利用設備については、次に掲げる規定を設けている。

⑴　次に掲げる設備を設置しようとする者は、当該設備につき、総務大臣の許可を受けなければならない。（法100－1）

ア　電線路に10キロヘルツ以上の高周波電流を通ずる電信、電話その他の通信設備（ケーブル搬送設備、平衡二線式裸線搬送設備その他総務省令で定める通信設備を除く。）

イ　無線設備及びアの設備以外の設備であって10キロヘルツ以上の高周波電流を利用するもののうち、総務省令で定めるもの

⑵　⑴の許可の申請があったときは、総務大臣は、別に定めるところによる電波の質、安全施設、その他の技術基準に適合し、かつ、当該申請に係る周波数の使用が他の通信（総務大臣がその公示する場所において行う電波の監視を含む。）に妨害を与えないと認めるときは、これを許可しなければならない。（法100－2）

⑶　⑴の許可を受けた者が当該設備を譲り渡したとき、又は許可を受けた者について相続、合併若しくは分割（当該設備を承継させるものに限る。）があったときは、当該設備を譲り受けた者又は相続人、合併後存続する法人若しくは合併により設立された法人若しくは分割により当該設備を承継した法人は、許可を受けた者の地位を承継

する。 （法100－3）

(4) (3)の規定により許可を受けた者の地位を承継した者は、遅滞なく、その事実を証する書面を添えてその旨を総務大臣に届け出なければならない。 （法100－4）

7.2 伝搬障害防止区域の指定

電波法は、電気通信業務、放送業務その他公共性の高い無線通信業務に使用されているマイクロ波回線を高層建築物や工作物から保護し、必要な通信を安定的に確保するために伝搬障害防止区域を指定することとしている。

(1) 総務大臣は、890メガヘルツ以上の周波数の電波による特定の固定地点間の無線通信で次のいずれかに該当するもの（「重要無線通信」という。）の電波伝搬路における当該電波の伝搬障害を防止して、重要無線通信の確保を図るため必要があるときは、その必要の範囲内において、当該電波伝搬路の地上投影面に沿い、その中心線と認められる線の両側それぞれ100メートル以内の区域を伝搬障害防止区域として指定することができる。 （法102の2－1）

ア 電気通信業務の用に供する無線局の無線設備による無線通信

イ 放送の業務の用に供する無線局の無線設備による無線通信

ウ 人命若しくは財産の保護又は治安の維持の用に供する無線設備による無線通信

エ 気象業務の用に供する無線設備による無線通信

オ 電気事業に係る電気の供給の業務の用に供する無線設備による無線通信

カ 鉄道事業に係る列車の運行の業務の用に供する無線設備による無線通信

(2) (1)の伝搬障害防止区域の指定は、政令で定めるところにより告示をもって行わなければならない。 （法102の2－2）

(3) 総務大臣は、政令で定めるところにより、(2)の告示に係る伝搬障害防止区域を表示した図面を総務省（総合通信基盤局及び総合通信局（沖縄総合通信事務所を含む。））の事務所及び伝搬障害防止区域の全部又は一部をその管轄区域に含む関係地方公共団体（都道府県及び市町村）の事務所に備え付け、一般の縦覧に供しなければならない。（法102の2－3、令9－1）

7.3　基準不適合設備に対する勧告等

不法無線局を根絶できない大きな原因に、一部の製造業者や改造業者が、違法な無線設備を製造したり、正規の無線設備を改造したりして市販していることがある。

このため電波法は、次のとおり電波法に定める技術基準に適合しない無線設備の販売等を規制している。

(1)　基準不適合設備に対する勧告

ア　無線設備の製造業者、輸入業者又は販売業者は、無線通信の秩序の維持に資するため、電波法に定める技術基準に適合しない無線設備を製造し、輸入し、又は販売することのないように努めなければならない。（法102の11－1）

イ　総務大臣は、電波法に定める技術基準に適合しない設計に基づき製造され、又は改造された無線設備（「基準不適合設備」という。）が広く販売されることにより、当該基準不適合設備を使用する無線局が他の無線局の運用に重大な悪影響を与えるおそれがあると認めるときは、無線通信の秩序の維持を図るために必要な限度において、当該基準不適合設備の製造業者、輸入業者又は販売業者に対し、その事態を除去するために必要な措置を講ずべきことを勧告することができる。（法102の11－2）

ウ　総務大臣は、イの規定による勧告をした場合において、その勧告を受けた者がその勧告に従わないときは、その旨を公表することができる。（法102の11－3）

エ　総務大臣は、イの規定による勧告を受けた製造業者、輸入業者又は販売業者が、ウの規定によりその勧告に従わなかった旨を公表された後において、なお、正当な理由がなくてその勧告に係る措置を講じなかった場合において、その運用に重大な悪影響を与えられるおそれがあると認められる無線局が重要無線通信を行う無線局その他のその適正な運用の確保が必要な無線局として総務省令で定めるものであるときは、無線通信の秩序の維持を図るために必要な限度において、当該製造業者、輸入業者又は販売業者に対し、その勧告に係る措置を講ずべきことを命ずることができる。　(法102の11－4)

オ　総務大臣は、イの規定による勧告又はエの規定による命令をしようとするときは、経済産業大臣の同意を得なければならない。

(法102の11－5)

(2)　特定の周波数を使用する無線設備の指定

総務大臣は、電波法第4条の規定に違反して開設される無線局のうち特定の範囲の周波数の電波を使用するもの（「特定不法開設局」という。）が著しく多数であると認められる場合において、その特定の範囲の周波数の電波を使用する無線設備（「特定周波数無線設備」という。）が広く販売されているため特定不法開設局の数を減少させることが容易でないと認めるときは、総務省令で、その特定周波数無線設備を特定不法開設局に使用されることを防止すべき無線設備として指定することができる。　(法102の13－1)

(3)　指定無線設備の販売における告知等

ア　(2)の規定により指定された特定周波数無線設備（「指定無線設備」という。）の小売を業とする者（「指定無線設備小売業者」という。）は、指定無線設備を販売するときは、当該指定無線設備を販売する契約を締結するまでの間に、その相手方に対して、当該指定無線設備を使用して無線局を開設しようとするときは無線局の免許等を受けなければならない旨を告げ、又は総務省令で定める方法により示さなければならない。　(法102の14－1)

イ　指定無線設備小売業者は、指定無線設備を販売する契約を締結したときは、遅滞なく、次に掲げる事項を総務省令で定めるところにより記載した書面を購入者に交付しなければならない。

（法102の14－２）

①　アの規定により告げ、又は示さなければならない事項

②　無線局の免許等がないのに、指定無線設備を使用して無線局を開設した者は、電波法に定める刑に処せられること。

③　指定無線設備を使用する無線局の免許等の申請書を提出すべき官署の名称及び所在地

7.4　測定器等の較正

⑴　無線設備の点検に用いる測定器等の較正は、国立研究開発法人情報通信研究開発機構（「機構」という。）がこれを行うほか、総務大臣は、指定較正機関にこれを行わせることができる。（法102の18－１）

⑵　指定較正機関の指定は、⑴の較正を行おうとする者の申請により行う。（法102の18－２）

⑶　機構又は指定較正機関は、⑴の較正を行ったときは、総務省令で定めるところにより、その測定器等に較正をした旨の表示を付するものとする。（法102の18－３）

⑷　機構又は指定較正機関による較正を受けた測定器等以外の測定器等には、⑶の表示又はこれと紛らわしい表示を付してはならない。

（法102の18－４）

⑸　総務大臣は、⑵の申請が次の各号のいずれにも適合していると認めるときでなければ、指定較正機関の指定をしてはならない。

（法102の18－５）

ア　職員、設備、較正の業務の実施の方法その他の事項についての較正の業務の実施に関する計画が較正の業務の適正かつ確実な実施に適合したものであること。

イ　アの較正の業務の実施に関する計画を適正かつ確実に実施する

に足りる財政的基礎を有するものであること。

ウ　法人にあっては、その役員又は法人の種類に応じて総務省令で定める構成員の構成が較正の公正な実施に支障を及ぼすおそれがないものであること。

エ　ウに定めるもののほか、較正が不公正になるおそれがないものとして、総務省令で定める基準に適合するものであること。

オ　その指定をすることによって較正の業務の適正かつ確実な実施を阻害することとならないこと。

(6)　総務大臣は、(2)の申請をした者が、次の各号のいずれかに該当するときは、指定較正機関の指定をしてはならない。(各号省略)

(法102の18－6)

(7)　指定較正機関の指定は、5年以上10年以内において政令で定める期間ごとにその更新を受けなければ、その期間の経過によって、その効力を失う。　(法102の18－7)

(8)　指定較正機関は、較正を行うときは、総務省令で定める測定器その他の設備を使用し、かつ、総務省令で定める要件を備える較正員にその較正を行わせなければならない。　(法102の18－9)

7.5　電波有効利用促進センター

(1)　総務大臣は、電波の有効かつ適正な利用に寄与することを目的とする一般社団法人又は一般財団法人であって、(2)に規定する業務を適正かつ確実に行うことができると認められるものを、その申請により、電波有効利用促進センターとして指定することができる。

(法102の17－1)

(2)　電波有効利用促進センターは、次に掲げる業務を行うものとする。

(法102の17－2)

ア　混信に関する調査その他の無線局の開設又は無線局に関する事項の変更に際して必要とされる事項について、照会及び相談に応ずること。

イ　他の無線局と同一の周波数の電波を使用する無線局を当該他の無線局に混信その他の妨害を与えないように運用するに際して必要とされる事項について、照会に応ずること。

ウ　電波に関する条約を適切に実施するために行う無線局の周波数の指定の変更に関する事項、電波の能率的な利用に著しく資する設備に関する事項その他の電波の有効かつ適正な利用に寄与する事項について、情報の収集及び提供を行うこと。

エ　電波の利用に関する調査及び研究を行うこと。

オ　電波の有効かつ適正な利用について啓発活動を行うこと。

カ　アからオまでに掲げる業務に附帯する業務を行うこと。

7.6　電波利用料

(1)　電波利用料制度の意義

無線局が適切に維持、運営されるためには、無線局に関する情報が行政によって適切に把握・管理されることともに、免許を受けない不法無線局や無線局の違法運用が排除されなければならない。併せて電波のより能率的な利用に関する技術の開発やその成果を踏まえての無線設備の技術基準の向上、その他時宜に応じた総務大臣の施策が必要である。

このため、総務大臣は、無線局全体の受益を目的として、(2)に掲げる施策を講ずることとしている。それには経費が必要であるが、この経費を「電波利用共益費用」といい、この財源に充てるために、これらの施策によって利益を受けることとなる無線局の免許人等が納付すべき金銭を電波利用料という。　(法103の2－4)

(2)　電波利用料による施策

電波利用料による施策は、次のとおりである。　(法103の2－4)

ア　電波の監視及び規正並びに不法に開設された無線局の探査

イ　総合無線局管理ファイルの作成及び管理

ウ　周波数を効率的に利用する技術、周波数の共同利用を促進する技術又は高い周波数への移行を促進する技術としておおむね５年以内に開発すべき技術に関する無線設備の技術基準の策定に向けた研究開発等

エ　電波の人体等への影響に関する調査

オ　標準電波の発射

カ　電波の伝わり方について、観測の実施、予報及び異常に関する警報の送信等の事務並びにこれらに必要な技術の調査、研究及び開発の事務

キ　特定周波数変更対策業務

ク　特定周波数終了対策業務

ケ　電波の能率的な利用に資する技術を用いた無線設備により行われるようにするため必要があると認められる場合における当該技術を用いた人命又は財産の保護の用に供する無線設備の整備のための補助金の交付

コ　電波の能率的な利用に資する技術を用いて行われる無線通信を利用することが困難な地域において必要最小の空中線電力による当該無線通信の利用を可能とするための無線設備、伝送路設備等の整備のための補助金の交付その他の必要な援助

サ　電波の能率的な利用に資する技術を用いて行われる無線通信を利用することが困難なトンネル等において当該無線通信の利用を可能とするために行われる設備の整備のための補助金の交付

シ　電波の能率的な利用を確保し、又は電波の人体等への悪影響を防止するために行う周波数の使用又は人体等の防護に関するリテラシーの向上のための活動に必要な援助

ス　電波利用料に係る制度の企画又は立案その他アからシまでに掲げる事務に付帯する事務

(3)　電波利用料の額及び納付の方法

ア　電波利用料の額は、無線局を９区分し、それぞれの区分について使用周波数帯、使用周波数幅、空中線電力、設置場所等の観点

から細分し、それぞれについて年額で規定されている。

（法103の２－１、別表６）

イ　アに加えて、広範囲の地域において同一の者により相当数開設される無線局（「広域開設無線局」という。）に使用させることを目的として一定の区域を単位として総務大臣が指定する周波数（6,000MHz以下のものに限る。）（「広域使用電波」という。）を使用する広域開設無線局の電波利用料の額は、使用する広域使用電波の周波数の幅（MHzで表した数値）、当該電波の使用区域に応じた係数及び広域使用電波の区分に応じて規定された金額により算定した金額とすることを規定している。（法103の２－２、別表７、８）

なお、広域使用電波は、携帯電話等の無線通信に使用されている。

ウ　免許人等は、無線局の免許等の日から起算して30日以内及びその後毎年その免許等の日に応当する日から30日以内に、電波利用料を当該無線局の免許等の日又は応当日から始まる各１年の期間について、国から送付される納入告知書により納めなければならない。（法103の２－１）

また、翌年の応当日以後の期間に係る電波利用料の前納、免許人の預金口座又は貯金口座からの口座振替による納入の方法も認められている。（法103の２－17、－23）

⑷　電波利用料を納めない者に対する督促

ア　総務大臣は、電波利用料を納めない者があるときは、督促状によって、期限を指定して督促しなければならない。（法103の２－25）

イ　総務大臣は、アによる督促を受けた者がその指定の期限までにその督促に係る電波利用料を納めないときは、国税滞納処分の例により、これを処分する。（法103の２－26）

⑸　電波利用料の適用除外

電波利用料は、次に掲げる国の機関等が専らそれぞれに定める事務の用に供することを目的として開設する無線局その他これらに類するものとして政令で定める無線局の免許人等には、当該無線局に関しては免除される。

ただし、これらの無線局が電波の能率的な利用に資する技術を用いていないと認められるもので、政令で定めるものである場合は、免除されない。　(法103の２-14)

ア　警察庁　警察法第２条第１項に規定する責務を遂行するために行う事務

イ　消防庁又は地方公共団体　消防組織法第１条に規定する任務を遂行するために行う事務

ウ　法務省　刑事収容施設及び被収容者等の処遇に関する法律第３条に規定する刑事施設、少年院法第３条に規定する少年院、少年鑑別所法第３条に規定する少年鑑別所及び婦人補導院法第１条第１項に規定する婦人補導院の管理運営に関する事務

エ　出入国在留管理庁　出入国管理及び難民認定法第61条の３の２第２項に規定する事務

オ　公安調査庁　公安調査庁設置法第４条に規定する事務

カ　厚生労働省　麻薬及び向精神薬取締法第54条第５項に規定する職務を遂行するために行う事務

キ　国土交通省　航空法第96条第１項の規定による指示に関する事務

ク　気象庁　気象業務法第23条に規定する警報に関する事務

ケ　海上保安庁　海上保安庁法第２条第１項に規定する任務を遂行するために行う事務

コ　防衛省　自衛隊法第３条に規定する任務を遂行するために行う事務

サ　国の機関、地方公共団体又は水防法第２条第２項に規定する水防管理団体　水防事務

シ　国の機関　災害対策基本法第３条第１項に規定する責務を遂行するために行う事務

7.7 外国の無線局等の特例

7.7.1 船舶又は航空機に開設した外国の無線局

(1) 電波法第2章（無線局の免許等）及び第4章（無線従事者）の規定は、船舶又は航空機に開設した外国の無線局には、適用しない。

（法103の5－1）

(2) (1)の無線局は、次に掲げる通信を行う場合に限り、運用することができる。（法103の5－2）

ア 遭難通信、緊急通信、安全通信、非常通信、放送の受信又はその他総務省令で定める通信

イ 電気通信業務を行うことを目的とする無線局との間の通信

ウ 航行の安全に関する通信（イに掲げるものを除く。）

7.7.2 特定無線局と通信の相手方を同じくする外国の無線局等

(1) 第1号包括免許人は、電波法第2章（無線局の免許等）、第3章（無線設備）及び第4章（無線従事者）の規定にかかわらず、総務大臣の許可を受けて、本邦内においてその包括免許に係る特定無線局と通信の相手方を同じくし、当該通信の相手方である無線局からの電波を受けることによって自動的に選択される周波数の電波のみを発射する次に掲げる無線局を運用することができる。

（法103の6－1）

ア 外国の無線局（当該許可に係る外国の無線局の無線設備を使用して開設する無線局を含み、イに掲げる無線局を除く。）

イ 実験等無線局

(2) (1)の許可の申請があったときは、総務大臣は、当該申請に係る無線局の無線設備が電波法第3章に定める技術基準に相当する技術基準に適合していると認めるときは、これを許可しなければならない。

（法103の6－2）

(3) 第1号包括免許人の包括免許がその効力を失ったときは、当該第1号包括免許人が免許を受けていた(1)の許可は、その効力を失う。

（法103の６－３）

⑷　第１号包括免許人が⑴の許可を受けたときは、当該許可に係る無線局を当該第１号包括免許人がその包括免許に基づき開設した特定無線局とみなして、電波法第５章（運用）及び第６章（監督）の規定（一部の規定を除く。）を適用する。（法103の６－４）

（注）第１号包括免許人とは、2.4.1⑴に掲げる特定無線局の包括免許人をいう。
（法 27 の６－２、施 15 の２－１）

（参考）第２号包括免許人とは、2.4.1⑵に掲げる特定無線局の包括免許人をいう。
（法 27 の６－３）

7.8　権限の委任

電波法に規定する総務大臣の権限は、総務省令で定めるところにより、その一部が総合通信局長又は沖縄総合通信事務所長に委任されている。その概要（抜粋）は、次のとおりである。ただし、⑴のウ、エ及びカ等の事項については、総務大臣が自ら行うことがある。

（法104の３－１、施51の15－１抜粋）

⑴　無線局に関する事項（抜粋）

ア　固定局、地上一般放送局（エリア放送を行うものに限る。）、陸上局、移動局、無線測位局、ＶＳＡＴ地球局、船舶地球局、航空機地球局、携帯移動地球局、非常局、アマチュア局、簡易無線局、構内無線局、気象援助局、標準周波数局及び特別業務の局及びこれらの実用化試験局に関する次の事項（抜粋）

①　免許を与え、又は登録をすること。

②　免許及び登録の申請の受理から免許状及び登録状の交付までの手続及び処分に関すること。

③　免許及び登録の変更手続及び処分に関すること。

④　無線従事者の選任の届出を受理すること。

⑤　運用の停止命令等の監督に関すること。

イ　無線設備の設置場所の変更及び無線設備の変更の工事の許可、届出、指定事項の並びに変更検査に関すること。

ウ　技術基準適合命令に関すること。

エ　臨時の電波の発射の停止及び措置に関すること。

オ　定期検査及び臨時検査に関すること。

カ　無線局に関して報告を求めること。

(2)　無線従事者に関する事項（抜粋）

ア　無線従事者のうち特殊無線技士（９資格）並びに第三級及び第四級アマチュア無線技士について、国家試験の実施及び免許の付与等に関すること。

イ　船舶局無線従事者証明に関すること（証明の取消し処分を除く。）。

(3)　その他

電波法で総務大臣の権限とされているもののうち、総合通信局長又は沖縄総合通信事務所長に委任されているものについては、総合通信局長又は沖縄総合通信事務所長と読み替えることとなる。また、委任を受けた事項の処理は、対外的にも総合通信局長又は沖縄総合通信事務所長名において行われる。

［演習問題］

解答：282ページ

7－1　次の記述は、伝搬障害防止区域の指定について述べたものである。電波法（第102条の２）の規定に照らし、□内に適切な字句を記入せよ。

総務大臣は、［①］メガヘルツ以上の周波数の電波による特定の［②］地点間の重要無線通信（注）の電波伝搬路における当該電波の伝搬障害を防止して、重要無線通信の確保を図るため必要があるときは、その必要の範囲内において、当該電波伝搬路の地上投影面に沿い、その中心線と認められる線の両側それぞれ［③］メートル以内の区域を伝搬障害防止区域として指定することができる。

（注）電気通信業務の用に供する無線局の無線設備による無線通信、放送の業務の用に供する無線局の無線設備による無線通信、人命若しくは財産の保護又は治安の維持の用に供する無線設備による無線通信、気象業務の用に供する無線設備による無線通信、電気事業に係る電気の供給の業務の用に供する無線設備による無線通信又は鉄道事業に係る列車の運行の業務の用に供する無線設備による無線通信をいう。

7－2　次の記述は、電波利用料について述べたものである。電波法（第103条の２）の規定に照らし、誤っているものを選べ。

①　電波利用料は、無線局全体の受益を目的として、電波法に定める施策を講ずるために必要となる経費（電波利用共益費用）の財源に充てるために、これらの施策によって利益を受けることとなる無線局の免許人等が納付する金銭をいう。

②　電波法で定める施策として、電波の監視及び規正並びに不法に開設された無線局の探査、総合無線局管理ファイルの作成及び管理、標準電波の発射等がある。

③　免許人等は、無線局の免許等の日から起算して30日以内及びその後毎年その免許等の日に応当する日から30日以内に、電波利用料を当該無線局の免許等の日又は応当日から始まる各１年の期間について納めなければならない。

④　総務大臣は、電波利用料を納めない者があるときは、３月以内の期間を定めて当該電波利用料に係る無線局の運用の停止を命ずることができる。

[演習問題の解答]

第1章　1－1　①　公平かつ能率的　②公共の福祉
1－2　①　300万メガ　②　電波を送り、又は受ける
③　無線設備の操作を行う者　④　受信
1－3　①　交互　②　再発射　③　無線測位　④　送信空中線系
1－4　③（基地局と陸上移動局との間に加え陸上移動局相互間の無線通信業務が含まれる。）

第2章　2－1　①　電波法又は放送法　②　罰金以上　③　2年
2－2　⑤　（運用許容時間が指定される。運用義務時間は指定事項ではない。）
2－3　①　資格及び員数　②　点検　③　その一部を省略
2－4　①　5年　②　無期限　③　5年　④　3箇月以上6箇月
2－5　①　あらかじめ総務大臣の許可を受け
②　周波数、電波の型式又は空中線電力
③　許可に係る無線設備
④　変更することができる

第3章　3－1　①　角度変調であって位相変調
②　デジタル信号である2以上のチャネルのもの　③　組合せ
3－2　①　偏差　②　幅　③　高調波の強度　④　電波
⑤　高周波電流　⑥　人体　⑦　損傷
3－3　③
3－4　①　航行区域　②　遭難　③　船舶の航行の安全
3－5　①　電波の発射　②　停止　③　無線設備の設置場所
3－6　①　利得　②　整合　③　指向特性

第4章　4－1　①　主任無線従事者　②　監督　③　簡易な操作
4－2　①　無線設備の操作の監督　②　2年　③　業務に従事
④　3箇月
4－3　④（氏名を変更したときは免許証の再交付の申請が必要である。本籍地は免許証の記載事項ではないので再交付の手続は不要である。）

第５章　5 − 1　③
5 − 2　①　特定の相手方　②　存在若しくは内容
③　1 年以下　④　2 年以下
5 − 3　①
5 − 4　②
5 − 5　①　他の一切の無線通信　②　最善の措置　③　電波の発射
5 − 6　①　無線業務日誌　②　中央標準時又は協定世界時
③　主たる送信装置

第６章　6 − 1　①　公益上　②　空中線電力　③　人工衛星局
6 − 2　①　無線局の免許人等　②　修理
6 − 3　①　電波の質　②　電波を試験的に発射　③　解除
6 − 4　④
6 − 5　④
6 − 6　④

第７章　7 − 1　①　890　②　固定　③　100
7 − 2　④

よくわかる教科書
電　波　法　大　綱（電略　コモ）

昭和 48 年 4 月 25 日　初版発行
令和 5 年 7 月 20 日　第 24 版発行

発行所　一般財団法人　情報通信振興会
郵便番号　170-8480
東京都豊島区駒込 2 － 3 － 10
電　話　(03) 3940 - 3951（販売）
(03) 3940 - 8900（編集）
FAX　(03) 3940 - 4055
URL　https://www.dsk.or.jp/
振　替　00100 － 9 － 19918

印刷所　株式会社 エム．ティ．ディ

ISBN978-4-8076-0978-9 C3032